日中戦争期における社会運動の転換

農民運動家・田辺納の談話と史料

有馬　学

海鳥社

まえがき

筆者は研究活動をスタートした当初、一九二〇年代から三〇年代における社会運動をフィールドの一つとしていた。ただし社会運動史研究者をもって任じていたわけではなく、むしろ筆者の関心は昭和戦前期における広義の政治をリアルに把握したいというところにあった。そのように考えるなら、経済団体、農業団体、メディア、知識人の政策集団、文化運動など、社会に働くもろもろの力の複雑な力学は政治の一部を構成するであろうし、社会運動は当然ながらそのような力学を構成する要素の一つである。しかもそのとき日本の社会運動は、直接的に行使する社会的圧力より以上に、独自の意味合いを帯びた存在であったと考えられる。

総体としてとらえるならば、戦前・戦中期における日本の社会運動の影響力は限定的なものであった。労働組合法をはじめとする基本的な労働立法も、小作人の耕作権を保障する土地立法もついに成立せず、組合は政治党派のイデオロギー対立のもとで離合集散を繰り返し、何よりも組織率、とりわけ労働組合のそれは致命的に低かった。さらに労働者や農民の要求を政策過程に媒介する存在としての無産政党は、一部の指導者の言説がメディアの上で踊っていたかもしれないが、衆議院における議席数は一九三六（昭和十一）年の総選挙までは無視しうる程度のものでしかなかった。

しかし他方で、戦前・戦中期の日本社会運動はそのような実体以上の何ものかであったとも言える。たとえば一九三八年の近衛新党運動や一九四〇年の新体制運動において、社会大衆党はなぜそれらの運動の、少なくとも主体の一つを構成することができたのだろうか。それのみならず大政翼賛会の初期において、たとえ一時期とはいえ、またその性格をめぐって激しい論争の渦中にあったとはいえ、彼らは翼賛会というまぎれもない国家機構の一部に参入を果たしたのである。このことは、みずから発言することがきわめて少ないが故に計量し得ない大衆という存在の幻影が、戦前・戦中の政治において無視できない意味をもつこと、社会運動という存在はそのような意味を表示する、少なくとも象徴ではあり得たことを示しているのではないか。

そのような発想から、筆者は昭和戦前・戦中期の政治を構造的に解明するための迂回路として、社会運動への関心を持ち続けてきた。そのために、史料収集はもとより、現存する関係者へのインタビューも少なからず行ってきた。筆者がそうした活動に熱を入れた一九七〇年代後半から八〇年代にかけては、関係者へのインタビューがそれなりに可能であった。

ただ筆者が行ったインタビュー（単独で行ったものも友人と行ったものもある）は、一部個人的に書き起こしたものもあるが、ほとんどカセットテープに録音したままであり、一般の利用には堪えない状態で長く放置していた。また、恩師である伊藤隆先生に同行したものを除けば、インタビューのほとんどは筆者が九州大学に赴任してから行ったものである。そこで今回、九大を退職するにあたって、それらのいくつかを活字にしておくことにした。

本書はその手始めとして、戦前の大阪における左派系農民運動の指導者であり、戦後は日本社会党員として活動した田辺納氏（故人）のインタビューを活字化し、あわせて田辺氏から提供された書簡史料を収録した。

田辺納（以下敬称略）は、本書の内容が示すように、戦前の日本における左翼農民運動の代表的な指導者である。日本農民組合、全国農民組合を通じて、委員長杉山元治郎の出身地である大阪において、実際に組織を指導し続けたのは田辺納であった。田辺は政治的には労農党の系譜をひいていたが一貫して大衆運動の指導者であり、日本共産党に直接関与したことはなかった。しかし全農の分裂時代には日本共産党の間接的な影響下にあった左派の全国会議派に属し、大阪は兵庫、奈良、福佐などと並んで全国会議派最強の拠点であった。また一九三三年以降は全国会議派の全農総本部復帰に尽力し、大阪をいち早く復帰に導くと共に、他の全国会議派県連の総本部復帰にも主導的な役割を果たした。田辺はこの頃から一九三六年にかけて、合法左派と社会大衆党系との戦線統一に関与するが、一九三八年に社会大衆党の主導下に大日本農民組合が結成されるとこれには反対の立場を取り、新潟の稲村隆一や青森の淡谷悠蔵、兵庫の長尾有らとともに東方会系の日本農民連盟結成に動く。そしてこれ以降、一九四三年の組織解体まで、田辺は東方会員として活動している。

このような田辺の経歴は、それ自体がきわめて興味深いものである。とりわけ筆者は、一九三八年の全農分裂問題の中に日中戦争期における社会運動が包含する、したがって戦時期日本の政治構造を解明する上で重要な契機が示されていると考えている。本書に収録する田辺納のインタビューと関係史料は、それらを考察する上で重要な手がかりとなるであろう。

田辺納氏も、また納氏の没後に史料の閲覧その他で多大の便宜をはかっていただいた子息の田辺平氏も、ともに鬼籍に入られた。生前のご厚意に感謝するとともに、あらためてご冥福をお祈りしたい。

本書の出版はかねて計画していたものではなく、急に思い立ったものである。そのため出版を引き受けていただいた海鳥社の西俊明氏には大変なご迷惑をおかけした。記して深甚の謝意を表したい。本書が、かねて西氏と約束している福岡県の農民運動に関する著書の助走となれば幸いである。

二〇〇九年三月一日

有馬　学

【凡例】

田辺納氏談話速記録

一、テープを起すさい、可能な限り田辺氏の言葉をそのまま記録した。このため文意不明の箇所や誤りを含んでいる。
二、文意を明らかにするための最低限の補いや明らかな間違いは〔 〕に注記した。
三、聴取困難な箇所は〔不明瞭〕とした。

史料・田辺納宛書簡

一、本書に紹介するのは、田辺納氏のもとに保存されていた書簡のうち、極く私的なものを除き、多少とも政治的な、或いは運動に関わる内容をもったもの、運動関係者からのもののすべてである。ただし一九八四年の整理時に田辺平氏から提供された書簡のすべてという意味であり、田辺家に残された史料の全体を確認したわけではない。
二、書簡は差出年代順に配列し、推定による年月日にはそれぞれ（ ）を付した。一通のみ年推定不能のもの（二二、杉山元治郎書簡）があったが、これは戦前の最後においた。
三、史料本文については、片カナまじり文は平かなまじりに改め、新漢字のあるものはそれを使用し、適宜濁点、句読点を付した。
四、参考までに全書簡を発信人別に分類すると以下の通りである。（発信人の五十音順、算用数字は差出年月日、カコ内は本書で紹介する史料番号）

1 稲村隆一 ①13・1・12（九）②13・1・19（一〇）③13・2・5（一二）④16・5・30（二一）⑤26・8・30（二六）
2 大西俊夫 ①10・9・8（二）②11・8・2（四）
3 岡田宗司 ①11・9・14（五）②12・5・（七）
4 木村武雄 ①13・3・11（一五）②13・3・17（一六）③13・3・19（一七）
5 杉山元治郎 ①10・6・14（一）②10・9・29（三）③12・12・24（八）④13・1・22（一一）⑤・12・23（二二）⑥26・9・17（二七）
6 鈴木悦次郎 ①12・5・6（六）②13・12・15（一九）
7 竹崎米吉 ①15・7・11（二〇）
8 中沢弁次郎 ①13・5・4（一八）
9 西尾末広 ①22・4・10（二三）②23・1・22（二四）
10 長谷川良次（藤田勇）①13・3・2（一三）②13・3・6（一四）
11 三田村武夫 ①26・8・18（二五）

日中戦争期における社会運動の転換◉目次

解説・日中戦争期における社会運動の転換と田辺納

本書に収録するのは、戦前・戦後を通じた大阪地方の農民運動における最も重要な指導者であり、特に戦前の全国農民組合の運動の中で、左派系の指導者として活躍した田辺納に対する筆者のインタビューの記録と、関係者から田辺にあてた戦前・戦後の書簡である。はじめに、筆者が田辺納氏にお目にかかり、また書簡史料に接することができた経緯について記しておきたい。

筆者は一九七九（昭和五十四）年の夏に、主として東方会系の農民運動への関心から、当時まだご健在であった田辺納氏へのインタビューを岸和田市山直中町《やまだいなかちょう》のご自宅で三回にわたって行った。田辺氏がご健在であることおよびそのご住所を筆者が知るに至った経緯は、まったくの偶然によるものであった。きわめて私的な事柄になるが、簡単にふれておく。

筆者の妻の実家は岸和田市藤井町にある。田辺氏の発言の中に「奥さんの里」が云々と出て来るのはそのことを指す（田辺氏の旧姓が「奥」であるため少しまぎらわしいところがある）。東方会の活動家田辺納が岸和田支部長であることは念頭にあったので、あるとき妻の実家で念のためにと岸和田市の電話帳をめくってみたのである。そこで実際に田辺納の名前を確認したときには少し興奮したものである。妻の母の口ぶりから、田辺氏がこのあたりでは相当な知名人であることもわかった。『社会運動の状況』や『特高月報』などを通して活字の上だけの存在であった田辺納を、生身の人間としてイメージすることができた瞬間である。田辺氏の住まいは、岸和田市内とはいえバスで山手の方にしばらく行った、小さな川沿いの閑静で瀟洒な家であった。田辺氏はそこで、ろくろを回して茶碗をひねるなど、文字通り悠々自適の生活を送っておられたが、談ひとたび政治や社会に及ぶと、その舌鋒には気迫がこもっていた。

その際、田辺氏から一九三八（昭和十三）年の全農離脱の際に稲村隆一らが日本農民連盟への参加を働きかけた書簡をはじめ、運動関係者からの書簡が何通か手許に保存されているという事をうかがい、それらを拝見させていただく約束をした。ところがこれらの書簡をさがしていただく前に、田辺氏は翌年五月に逝去された。そのため子息の田辺平氏（当時日本社会党岸和田支部書記長）に連絡して遺品の整理をしていただき、一九八四年になって岸和田市下野町（当時）の平氏のご自宅でようやくこれらの史料を拝見することができた[1]。平氏にはその後たびたび史料についてお世話になり、筆者も平氏が父上の追想録『不惜身命――田辺納の素描――』（田辺納追想録刊行委員会、一九八六年五月）を出版するにあたって若干のお手伝いをした。同書に筆者による「田辺納関係文書」の紹介とインタビューの一部が掲載されているのは[2]、そうした事情によるものである。

以下、田辺納の経歴を紹介しながら、インタビューおよび書簡の内容について若干の解説を加えてみたい[3]。なお以下でインタビューは「談話」と略す。

田辺は一九〇二（明治三十五）年十月十六日、岸和田の地主奥平太郎の八男に生まれる。のち社会主義運動参加の故をもって奥家を除籍され、廃絶状態にあった親類の田辺家を再興する形で田辺姓を名乗る。奥家は十町歩程度の地主であったという（「談話」）。高等小学校卒業ののち実業補習学校に学び、一九一九年から二十年（大正八、九年）頃に文学サークル紅白社を結成（「談話」）。大杉栄の影響を受けてのことであるという。このあとしばらくの思想的立場は混沌としていたようで、アナキスト運動家と交遊をもち、また福田狂二らの「進め社」に関係し、同社の法被を着て演説会を行うなどしたという（「談話」）。ただし福田狂二と進め社が大阪に移転するのは関東大震災で東京を焼け出されたためであるから、少なくとも一九二三年秋以降のことである。他方で田辺は震災後に賀川豊彦の家に寄宿して本所のセツルメントに行ったとも、また協調会の社会運動家に対する学習会に参加したとも語っている。このあたりの「談話」は時期的な前後関係が曖昧である。

一九二二年八月の岸和田紡績争議に関係し、翌年総同盟泉州連合会の創立に参加、一九二四年十二月には日農和泉連合会結成に参加して常任書記となった。以後、日農・全農の大阪府連および本部役員として活躍したことは知られるとおりである。一九二五年には日農大阪府連常任書記、一九二七（昭和二）年、同常任執行委員、一九二八年に全国農民組合が結成されると中央委員、同大阪府連執行委員長となった。政治的には労農党系の立場をとり、一九二九年の新労農党結成にあたっては府連執行委員となったが、のち政治的自由獲得労農同盟を支持した。つまり合法政党を否定した日本共産党の方針を支持したことになる。

一九三〇年の全農分裂に際しては左派に属し、翌年七月の全国会議結成に際しては議長に選出された。しかし全国会議派本部の運動が日本共産党の影響下で非合法的傾向を強めるとこれに反対し、一九三三年の全国会議合法派によるいわゆる千葉市川会議の議長をつとめ、また近畿地方協議会をひきいて合法化運動を推進し、一九三四年三月に大阪、奈良の総本部復帰を実現する原動力となった。同五月には全農府連委員長となり、また同年の兵庫県連、一九三六年の福佐連合会の総本部復帰にも尽力した。

このように当初は全農全国会議派の中心的存在として活動しながら、一九三三年以降には運動の非合法的傾向に一貫して反対した田辺であるが、非常に興味深いのは日本共産党との距離感である。田辺が日本共産党と自覚的な接点を持ったことはなかったと思われるが、「談話」中で述べているように、大衆組織内部の共産党員によって共産党の文書は伝達されており(事務所の屋根瓦の下に隠していたという)、指令(?)は読んでいたと語っている。そのことに限らず、田辺には独特の共産主義観があったようである。「談話」の内容を信ずる限り、右派社会党に属した戦後においても、反日本共産党ではあっても理念的に反共になったわけではなさそうであり、実際にインタビュー当時でも、たとえば河上肇に対する敬意は失われていなかったように思われる。

話を戻せば、田辺は農民運動にとどまらず、一九三六年には松本治一郎、黒田寿男らと連絡をとりつつ、泉野利喜三とともに東京で活動し、社会大衆党に左派を包摂させる戦線統一運動に従った。しかし一九三七年の社会大衆党による全農系列化・党支持強制には反対の立場をとり、一九三八年二月には社大党を脱党、全農を離脱して大阪協同農民組合を結成した。このことによって杉山元治郎とも袂を分かち、同年三月には兵庫の長尾有などとともに東方会系の日本農民連盟に参加する。この頃から東方会運動に参加し、以後大阪支部長をつとめた。このあたりの事情については、書簡史料を解説しながら後述する。一九四二年の翼賛選挙には東方会公認で立候補したが落選した。このことに見られるように、田辺は東方会活動に積極的にかかわったと思われる。一九四三年に中野正剛が展開した反東条運動にも関与しており、「談話」中でも事実とすれば非常に興味深い内容が語られているが、この点についても後述する。

なお田辺は一九三一年一月に初当選以後、三期連続して岸和田市会議員をつとめた。市会議員としても存在感を示していたのは、「談話」や後述の書簡史料でも確認できる。

戦後は社会党に参加し、最初の総選挙に社会党の公認を受けたが公職追放で立候補は果たさなかった。しかし追放下にあって日農府連や府下労働組合の再建に尽力したという(「談話」)。一九五一年八月、追放解除となり、社会党分裂に際しては右派に属し、中央委員、府連副委員長をつとめた。こののち遂に衆議員議員に立候補することなく、農民組合の指導や府連の党務に専念し、日中国交回復運動、原水禁運動等に尽力した。一九八〇年五月歿、享年七十八歳であった。

ところで本書に収録した史料のうち、最も重要であり、また興味深いのは一九三七年末から三八年はじめにかけての、全農分裂・日本農民連盟結成問題をめぐる一連の書簡である。ここではその問題を中心に、書簡史料を①全農分裂以前、②全農分裂問題、③その他の戦前期書簡、④戦後の書簡、に区分して検討してみよう。

①全農分裂以前(史料一―七)

現存する書簡は一九三五年以降であり、したがって全農総本部復帰からある程度の時日を経過した時期のものである。ただし書簡の内容によれば田辺は一九三五年から三六年にかけては病後の静養中であり、全国的な活動にはさほど積極的には関与していないようである(史料一、二、四)。これらのうちまず内容的に注目すべきものは、大西俊夫の書簡である。史料二は一九三五年の府県会議員選挙戦の最中に書かれたものであるが、選挙後の全農の活動と政治運動への展望を述べており、「全国的な躍進期」「絶好な情勢」と状況を把握している。史料四では二・二六事件後（「軍部内の急進ファッショは敗北」）の状況に際して「到る所混頓《ママ》たる形勢」としながらも、全農は「客観的条件は恵まれて」いるから「よき方針をとるなれば愈上向することは疑」ないとしている。両書簡を通じて危機感の積極的表明が見られない点に注意すべきであるが、同時に労働運動、無産政党の「転換」の必要性や「第三インタァの使命」の終焉も語られており、この史料の限りでは、具体的な展望の表明もまた見られない。大西の見解が全農内合法左派の共通認識であったのかどうかは不明である。また、田辺は一九三六年には大阪地方労農無産団体協議会に関与するとともに、社会大衆党と労農派・合法左翼との戦線統一を働きかけているが、そうした動きと大西のような状況認識を直接結びつける材料はない。

　次に一九三七年の二つの書簡は、同年の総選挙に関するものである。やや意外であるが、田辺はこのとき社会大衆党公認候補西村栄一の選挙事務長をつとめている。鈴木悦次郎（史料六）、岡田宗司（史料七）ともに、意に沿わぬ候補者の選挙運動を慰労するニュアンスで書かれているのが面白い。これは田辺が選挙に際してはかなり忠実な社大党員として行動したことを示すものでもある。全農内の合法左派に関しては、ともすれば政党と距離を保とうとする傾向が強調されるが、田辺のように明々白々なかつての左派が、忠実な社大党員として行動したケースもあったのである。また岡田が社大党の躍進に対して「時勢の力」を指摘するとともに、「よくくずまで沢山出もの《（ママ）》」と感想を述べているのも興味深い。大衆組織内の合法左派における社会大衆党観として、念頭に置くべきであろう。それと同時に、岡田が「全農もこのまゝでは勢力関係上社大に押されるおそれ多分にあり」と述べている点が注目される。全農内の合法左派にこうした政治力学的観点があったことは、以後の全農と社大党、あるいは全農内の労農派・旧労農党系と社大党農村部との関係を考える前提として重要である。

②全農分裂問題（史料八―一八）

周知のように、一九三七年十二月のいわゆる人民戦線事件によって、全農は中央常任委員から黒田寿男、大西俊夫、岡田宗司の三名の検挙者を出した。全農はこれによってもたらされた危機を、全農内左派の粛正、社大党との関係強化、日本農民組合総同盟との合同、等によって乗り切ろうとしたが、このことは全農に深刻な内部対立をもたらした。ここに掲げた田辺宛の書簡は、この問題に関する貴重な史料となるものである。

まず社大党系の対応を示すものとして、杉山元治郎の書簡から検討する。史料八は検挙直後の彼等の深刻な危機感を表現している。ここでは検挙の拡大、全農結社禁止への恐れから、全農側から自主的に態度表明を行うこと（反人民戦線の明確化）、および社大党側はそうした対応の一環として党支持明確化の方針を出していることが示されている。

このような全農中央・社会大衆党の方針は、本部常任の間に強い反撥を引きおこした。杉山書簡（史料八）に示されている十二月二十九日の緊急中央常任委員会は、方向転換に関する声明書の発表とともに、社大党支持、日農総同盟との合同を決定したが、社大党支持問題については、「大体常任間において、全農は日本的立場に立って戦時、戦後の農業政策確立のために再出発するのであるし、また全農と社大とは協力関係にあるのであるから今更社大支持を決定する必要なし、むしろ従来通りの余裕ある方針をもって大衆的基礎を有する最右翼の農民団体をも包含し得るやうにして置いた方がよいといふ意見が強かった」にもかかわらず、「代議士諸君の要望もあった」ために決定したと議事録に記載されるような代物であった。[4] もって人民戦線事件に対する社大党系の狼狽ぶりを知るに足るであろう。

引用中にある「大衆的基礎を有する最右翼の農民団体をも包含し得る」云々とは、のちの日本農民連盟に連なる発想を示すものであろう。また田辺の「談話」は、河内地方に勢力を拡大しつつあった吉田賢一の皇国農民同盟に何度か言及しており、田辺がこのような存在に当時かなり危機感を抱いていたことが推測される。

この段階ではまだ田辺も兵庫の長尾有も、また後述する全農関東出張所の長谷川良次も、いちおう日農総同盟との合同委員の中に含まれている。[5] しかしながら、すでに全農常任グループと社大党代議士グループの間に深刻な亀裂が生じていたことは明白である。のちに田辺や長尾とともに東方会・日本農民連盟に参加する淡谷悠蔵も、その回想の中でこうした対立を描き出している。[6] 淡谷によれば、富吉栄二、中村高一、河野密らの社大党代議士と、淡谷、田辺、長尾、八百板正、稲村隆一ら全農グループが党本部で激論を闘わせたことがあるという。淡谷の回想では、それは一九三七年十一月の社大党六回大会における方向転換への全農左派の反撥として描かれている。周知のように社大党六回大会は、日中戦争を「日本民族の聖戦」として、社大党が明示的に路線転換を表明した大会である。淡谷が描く田辺は、「こうした反動の嵐の強い時にこそ、社会大衆党はその本来の主張を貫いて、断乎、抗争すべきだと思う」として「滔々と階級的理論をまくし立てた」ことになっているが、それはどうであろうか。

むしろ注目すべきは淡谷が、この対決をセットしたのが全農関東出張所の山名正実であるとしている点である。淡谷によれば山名はこの激論の日、淡谷、田辺、長尾を中野正剛に紹介しているのである。山名はこののち日本農民連盟結成においても主要な役割を果たすことになる。ただし淡谷の回想の中で頻繁に登場する山名について、田辺自身はあまり明確に記憶していない（「談話」）。

年が明けて一九三八年一月になると、事態は一層深刻になる。そこで興味深いのは史料一一の杉山書簡である。杉山によれば、一九三八年一月二十一日の国民精神総動員緊急評議員会[7]において、理事長香坂昌康から杉山に対して評議員辞任の要請があったという。杉山書簡では、そうした動きが相当の圧力感をもって受け取られたことが示されるとともに、対応策として旧全国会議派を主たる対象とした徹底した粛清工作が語られている。社大党系が推進しようとした日農総同盟との合同がこうした左派排除とセットになっていたことは、のちに大日本農民組合が成立した後の第一回理事会（二月九日）において、福佐、兵庫、栃木の旧全会系三県連の排除が決定されたことによっても知ることができる[8]。

こうした対立は、社大党側が、一方で進行している愛国農民団体（日本農民連盟）結成への動きに対抗して、合同＝大日農結成を強行しようとするに従い、さらに激しさを加えていった。田辺は一月二十八日の常任懇談会（史料一一に「廿八日頃に常任委員会を開きます」とあるのがこれであろう。出席者が少数のため懇談会になったものと思われる）で、合同問題について次のように発言している[9]。

「全農としては国民的、国家的信念に基く新方針に依る内部統一が急務である。右翼に対抗するために日農総との合同を急げとのことだが全農は今日明確なる右翼に立ってゐるではないか、実際問題として二月六日の合同大会は準備不可能である」

「人の問題は方針さへ正しければ解決する。合同方針及び社大農村部が意図してゐる新陣容の抱懐する運動方針が農民運動を発展せしめ得ることが明瞭となって、しかも問題の諸君が農民運動発展のための障害となるといふのであれば、それらの諸君はいさぎよく身を退くと信ずる」

右翼に対抗するためというが「全農は今日明確なる右翼」ではないか、という指摘は面白いものである。当時の状況の中で右だ左だという論議が意味をなさなくなっていることを鋭く衝いており、田辺らの位置を測定する上で有益な材料であろう。他方でこの段階になると、既に全農、社大党を離脱していた稲村隆一からの働きかけが活発である。稲村書簡（史料九、一〇、一二）によって、旧全国会議系組織を日本農民連盟に結集させる上で主導的役割をはたしたのが稲村隆一であったことを確認しうる。しかし史料一〇、一一によれば、兵庫、大阪等の日農連への組織化は、必ずしも事前に既定の事実とされていたわけではなく、多少流動的な要素を残していたようである。

そうしたニュアンスは、長谷川良次（藤田勇）の書簡（史料一三、一四）によってもうかがうことができる。長谷川は、昭和十二年頃には総本部および関東同盟の書記であり、主として山名とともに活動している。同様に全農内の反社大派であったことを知ることができる。[10] しかし長谷川は連盟論をとってはいるが、「ある時機には日本農民聯盟へも加盟し、新に政党支持はその好むところといふやうな方針」（史料一三）という表現にあらわれているように、どの連合体に加盟するかについては相対的な立場を示していた。大阪、兵庫などはのちに東方会に加入するが、この段階での全農内の反社大派は、政治党派との関係については一義的ではなかったのである。

田辺は一九三八年二月十一日付で「社会大衆党離党に対する声明書」を発表して、「旧全農大阪府聯三千の組合員初め幹部西尾治郎平、荻田糺、中村祐《ママ》助の諸氏の同士と共に」、大日農には参加せず新組合を結成することを宣言する。[11]全農からの分裂にあたって、最終的には大阪の組織はほとんど田辺と行動を共にして大阪協同農民組合に参加するが、長谷川書簡によれば、杉山元治郎はこの点について非常に甘い判断をしていたことになる。[12]長谷川はまた、奈良、三重、岐阜、高知、福佐、香川、徳島の組織的動揺を伝えているが（史料一三）、この中で最終的に日本農民連盟に参加するのは奈良のみである。

長谷川書簡で他に注目すべき点は、総本部（？）の残務整理で約五百円にのぼる金銭的負担を長谷川がしている点（史料二二）で、資金の出所に関する興味を抱かせる。また三月三日の安部磯雄襲撃事件に関する疑惑を山名正実とともにかけられ、警視庁に出頭したとも述べており（史料一四）、「そんなにまでして傷つけなければ止まぬ社大の諸君」という表現に、社大党系への強い党派的敵対心が示されている。こののちの長谷川の動向を示す史料は他に見当らず、日本農民連盟にも参加はしなかったようである。

田辺らの大阪協同農民組合は一九三八年三月に日本農民連盟に加盟するが、この時期に中野正剛の演説会を計画していたようであり、それに関する東方会の木村武雄からの書簡が残されている（史料一五、一六、一七）。ここでは、わずかだが木村から資金供与がなされている（史料一五）。また田辺らの動向をめぐっては、愛国労働農民同志会の中沢弁次郎から会見申し入れが行われている（史料一八）。中沢の働きかけについては田辺も回想の中で言及している（「談話」）。

以上の検討から、全農の分裂と大日農、日本農民連盟の結成は、田辺ら全農常任グループと社大党系の党派的対抗関係が極点に達する中で行われたことがわかる。このとき田辺らにとって社大党も全農もすでに右翼なのであり、全農離脱・日本農民連盟参加が「右」か「左」かの選択の問題などではなかったことは明らかである。状況の打開を思い切った飛躍に求める彼等には、社大党・全農という枠は発展の可能性の狭さを意味するものでしかなかった。したがって、いわゆる愛国農民団体の排除、左派の切り捨て、社大党による締めつけの強化を意味する大日農結成を彼らが選択しなかったのは、当然であったとも言えよう。

違う観点から見れば、一九三六年の段階で社大党を軸に左派を包摂する戦線統一を企図していた田辺らが、より状況が困難となったこの時期に反社大党の立場から右のような方向を選択したということは、逆に、一九三六年の戦線統一の動きを見る際の一つの視点を提供するものとも言えるかもしれない。田辺において一九三六年の労農無産団体協議会から東方会までの時間的距離は、わずか一年と少ししか隔たっていないのである。いずれにしても一九三八年における社会運動の転換の問題は、興味深いテーマであるにもかかわらず、これまで本格的な研究がほとんどなされていない。(13) 本書に収録した史料は、そのための重要な手がかりとなるであろう。

③その他の戦前期書簡（史料一九―二二）

ここでは政治的に重要な史料はほとんどない。中では前岸和田市長で当時興亜院にいた竹崎米吉の長文の書簡（史料二〇）が興味深い。市営水道問題をめぐる当時の岸和田市議会の複雑な事情については、いま詳細を知らないが、書簡の内容は田辺の調停能力に竹崎が相当の期待をもっていたことを示している。この期待は、一つには「水源地問題は小作人問題」という観点からの、農民組合指導者としての調停能力に対してであり、他方「市政表裏に通じ」た古参市議としてのそれに対してである。田辺の市会における地方政治家としての位置と力量を示すものと言えよう。また「近衛公爵の動静」云々とあるところから、近衛新体制の与党的位置に東方会があったことへの期待も多少含まれているかもしれない。

なお、細かい時日を確定できないが、田辺は昭和十六年に第一公論社特派員として南方視察を行っており[14]、稲村隆一の書簡（史料二一）は、あるいはこれと関係するものかもしれない。

④戦後の書簡（史料二三―二七）

経歴のところでふれたように、田辺は戦後第一回の総選挙で大阪二区から社会党の公認をうけるが[15]、一九四六年一月に出されたGHQの追放指令の該当者とされたため、実際には立候補できなかった。田辺自身の談話によれば、追放期間中も労働・農民組合の再建に遠慮なく活動したというが、遂にこののちも、衆議院選挙には立候補することなく終った。そのあたりの機微を伝えるのが西尾末広の書簡である（史料二三）。西尾は翌一九四七年四月の戦後第二回選挙にあたって、「此の頃の選挙期節ともなれば嘸かし腕が鳴って居ることと胸中」を察しながら、追放解除までの「自重」を訴えている。

なお田辺は西尾に対してはその力量を高く評価し、信頼感をもっていたようである。西尾との関係について、田辺の「談話」は東方会時代の反東条運動に関する極めて興味深いエピソードを含んでいる。すなわち、中野正剛は西尾を東条内閣打倒後の閣僚に擬しており（田辺は「生産大臣」と述べている）、中野の依頼を受けて田辺が中之島公園で西尾に交渉したという。田辺によれば西尾はこれを断るのだが、そのときの態度を田辺は「立派だった」と賞賛している。戦前に「左派」であった田辺は、戦後は右派社会党に属しており、田辺自身はそれを人間関係と説明しているが（「談話」）、要するに西尾との関係であろう。

田辺を含む東方会関係者の追放解除は、一九五一年八月六日の第二次解除指定によってであった。この時期の書簡が三点ある（史料二五、二六、二七）。時あたかも社会党は、のちに分裂に至る講和問題をめぐる左右対立を表面化させていた。田辺は結局右派に参加するが、ここで左派に属した稲村隆一の書簡（史料二五）はきわめて興味深い内容のものである。そこには、「大戦は日独だけの責任ではない」とする立場からの左派参加がありうることが、明瞭に示されている。右の引用に続く「日本をフクロ、タ、キにして、共産党に支那、朝鮮を渡して、今度都合わるくなったから軍事協定と再軍備で日本を共産主義との戦争にひっぱり込まうなど、全く言語同断」という表現は、稲村の左派参加におけるナショナルな契機の所在を明瞭に示すものだろう。稲村の書簡は全体として、アジア主義的な心情の戦前からの連続性をうかがわせるものである。ここにあらわれたような、戦後革新勢力におけるナショナリズムの要素については、これまであまり検討されていないが、戦後政治を考える上で重要な問題であろう。史料の註に示したように、田辺はこの書簡の封筒に「戦後の義憤」と書き込んでいる。両者の心情に一脈通ずるものがあったことを示しているのではなかろうか。

なお追放解除を機とする旧東方会系の人々の集会の案内があるが（史料二六）、これは政治的な意味はもたなかっただろう。戦後のどの時期にも、旧東方会系の政治的再結集が試みられた形跡はない。

〔註〕

（1）書簡以外の史料では、全農大阪府連の文書綴（一九三〇―三一年、一九三四年―三五年、各一冊）、および戦後の農民運動関係の文書綴があった。田辺氏の生前のお話では他にも相当の文書が保存されていたが、貸し出したまま返却されない場合などがあり、かなり散逸したという。

（2）「史料紹介・田辺納関係文書」（『九州文化史研究所紀要』三〇号、一九八五年三月）がそのまま転載されている。なお本解説はその史料紹介の解題を改稿したものである。

（3）以下の経歴については、『日本社会運動人名辞典』青木書店、一九七九年、『古稀』（昭和四七年五月二八日、田辺納氏の「古稀を祝う会」）所収の年譜、および本書収録のインタビューによった。
（4）「緊急中央常任委員会議事抄」（法政大学大原社会問題研究所『戦時体制下の農民組合（6）』〈農民運動資料第十二号、一九七八年〉『戦時体制下の農民組合（6）』）、五四—五頁
（5）同右
（6）（『野の記録』第二部〈昭和五十一年、北の街社〉六三—七三頁）
（7）全農と国民精神総動員運動（以下精動と略）との関係については、一九三七年一〇月三一日の全農中央常任委員会で、全農の精動中央連盟への加盟及び杉山の評議員推薦が報告されている（「中央常任委員会議事抄」、前掲『戦時体制下の農民組合（6）』五〇頁）。なお全農は精動中央連盟結成当初からの加盟団体である（下中弥三郎編『翼賛国民運動史』〈翼賛国民運動史刊行会、一九五四年〉、二八頁）。
（8）「大日本農民組合備忘録」（前掲『戦時体制下の農民組合（6）』の「解説」所引）。これによれば、各県連を「三階級」に分け、「Aクラス」の前記三県連について、「右は入会を断ること」、大阪を含む「Bクラス」の十六県連について「右は大会までに整備加入せしむるもの」、「Cクラス」一六県連は「即時加入せしむるもの」としている。
（9）「『全農東北関東地方協議会』に就て」（前掲『戦時体制下の農民組合（6）』）、六二頁。
（10）これ以前の長谷川の経歴については、あまり詳しく知ることができない。全農の史料（前掲『戦時体制下の農民組合（6）』）では、昭和十二年になると総本部書記として長谷川良次名で頻繁に登場するが、それ以前にはほとんど名前が見られない。伊藤実を偲ぶ会編纂委員会編『伊藤実——一社会運動家の足あと』（笠原書店、一九八四年）によれば、伊藤とはきわめて親しい関係にあったようである。なお伊藤実について田辺は、弟のように可愛がったと回想している（「談話」）。
（11）「社会大衆党離党に対する声明書」（前掲『戦時体制下の農民組合（6）』）
（12）もっとも昭和十二年十二月から十三年一月の杉山の書簡（史料八、一一）は、微妙な問題についても相当率直かつ詳細に記されており、これも杉山の甘さを示すとも言えるが、田辺に対する杉山の信頼がきわめて高かったとも言えるだろう。
（13）大日農の結成に関しては、横関至「大日本農民組合の結成と社会大衆党——農民運動指導者の戦時下の動静」

（『大原社会問題研究所雑誌』五二九号、二〇〇二年十二月）が、本書収録史料をも利用した例外的な論文である。
（14）前掲『古希』所載の年譜による。ただしこの年譜には誤りが多いので、確認が必要である。
（15）『日本社会新聞』創刊号（昭和二十一年一月一日）。

田辺納氏談話速記録

田辺納氏談話速記録　第一回

一九七九（昭和五十四）年八月三十一日　田辺氏宅にて　聞き手・有馬学

運動への入口

田辺　まあ、私が始めたのは、小学校、実業学校を出てからやから十七歳くらいからやったですね。文学問題をね、研究しようちゅうので、大杉栄の影響受けて、紅白社という結社をつくったわけですよ。

それで、その紅白社で、いわゆるその文学をやっているうちにね、そのブルジョア文学とプロレタリア文学との比較対照して、それでまあ理論闘争をやる。そないしてるうちに、僕が文学も結構やけど、我々それを実践化してね、そして大衆と共にやらなければ、なんぼ自分らがその文学を研究しても、自分らだけが思想陶酔をしていては駄目だと、やはりその思想を大衆に知らしめて、そして大衆と共にやね、立ち上がらなあかんというような、実践的なものがその中に生まれてきたわけや。

それは皆、賛成してね、それじゃいろんなその日常問題をつかもうやないかと言うてやっているうちに、ま、いろんな問題、町政問題も、その頃は岸和田も町でしたからね。町のいろんな問題をとりあげて、それを批判していく。また、青年団とかのなかへ持ち込んで、で青年団の中で保守と革新との闘いをですね、まあ、議論をやっているうちに、ぼちぼち特高警察が目を付け出して、それでもう目を付けたら仕舞です、もうアカという刻印を押されるわけだ。

そうすると青年団のなかでも除名問題が起ってきますわね。それで、除名反対運動を大衆討議でどんどん議論する、それが議論に議論で琢磨されてくるから、やっぱり勉強もするね。まあそれが非常に大きな刺激になったわけ、社会運動に実践運動に入るについての大きな原動力になってますわね。

有馬　すると最初は文学ですか。

田辺　そう文学から入ったわけです。だから僕はよく言うたんですよ。よう検挙されてね、我々は思想的に入っているんだからね、転向せえ何せえと言うたってね、もう使命として天命だとこれは。だからもう転向は出来んと言うてねやったんです。

私のうちは大きな地主でしてね。もうお宅らの居てる村の人、奥さんの里の藤井町の人らも、あなた、私は奥でしてん、奥ていう……。

有馬　ああ、苗字がですか。

田辺　奥のうちの息子みたいになったらどないするんやと言うてね、そりゃもういっぺんに、人口三万から四万の町でしたからね、岸和田中に広がった。道歩いてても顔のぞきに来るぐらい。

労働運動へ

有馬　どのくらいの規模ですか。地主ってのは、お宅は。
田辺　うちはまあその時分十町歩くらい持ってました。
有馬　十町歩くらいというと、その頃ではどのくらいの規模ですかね。
田辺　そうですね。十町歩というと、一反は三百坪、それで年貢は一石五斗、六斗ね。まあそうすると二石八斗とれた場合、今みたいに三石、四石はとれないですからね。そういう、肥料はもう有機肥料ばっかりやったしね、そやからまあ三石とれるいうのは良田ですわね。中田になると二石五斗、二石八斗、それで半分以上が年貢ですわな。
だからまあそういうところに経済的にだんだんだんだん結びついていったわけですわね。ほんだら、ちょうど第一次大戦がすんだ後の大正十（一九二一）年くらいからデモクラシーがね、盛んになってきて労働組合、友愛会ね、今の総評のま、いうたら前身の友愛会、それが出来てきたわけですよね。
で、泉州では私ら、泉州で労働者集めて、その時分に労働組合法てないと、労働者扶助法ちゅうのがあってね、その法律をひっぱり出してね、労働者に有利な、なんでもかんでも有利な解釈してそれを青年団とか方々の会場借りて懇談会やったり、そして労働者に協力し始めたわけです。
それで労働組合つくれと、そやからね、今の社会運動家と違って、その当時の社会運動家やったら、そういう労働者の問題、農民の問題、それに借家人の問題、もうあらゆるものを包括して、ほいで社会運動として皆活動したもんですわ。

そやからその、お前は農民やから農民運動やれと、お前労働者やから労働運動やれいう風な限定はないわけだ。なかなかその指導者が続かないもんね。生活の問題が引っかかってくるでしょう。ま、私ら、地主の息子やから、食うのに心配ないからね、だからそれやっとった。それがだんだん大勢になって大きく取り扱うようになって、特に『朝日新聞』なんか、その当時デモクラシーの急先鋒で、『朝日新聞』は社会主義の新聞やいうたくらいですからね。しかし、社会主義ということに気付かないで、ただ『朝日新聞』は非常に積極的にそういう問題をもう他の新聞以上に宣伝してきましたわね。

だからそのデモクラシー運動がずうっと台頭して来て、ちょうど大正十一年頃に岸和田紡績に火が付いて、ほいで私ら岸和田紡績に今でいうと細胞活動やね。それやって、であれはパッとゼネストに発展してきたんですよね。岸和田で一番大きなストライキ、日本全国でも岸和田紡績のストライキはゼネストでしたからね。五つの紡績とも全部立ち上がったんですからね。

有馬　さっき大杉栄の影響受けてたと言われましたが、そういう影響を受けるいうのは、なにかきっかけがありましたんですか。

田辺　ええ、あのやっぱり震災で大杉栄が殺されたという事と、それから私はね、あれは確か札幌の女学生か、大杉栄はどんな人かというアンケートを取ったらね、正義を求める心の強い人であるという。そのアンケートが多かったというのを何かの記事で見たんですよ。大杉栄に関心を持ちだして、大杉栄の本を読んだりね。

その当時「進め社」というてね、福田狂二というてね、あれがなかなか大阪で活発にやっとったんですよ。ほんで、そこへたずねて行って、ほたら同志になれと、でハッピをね背中へ「進め」と書いてね、こうバッと血の飛んだ血しぶきの模様にね「進め」て書いて、それで襟にね「働かざるもの食うべからず」と、で進め社のハッピを私こしらえてね、たしか二十くらいこしらえたでしょう、同志に着せてね、ほいで街頭演説会やったり。ほんで警察来たら、タアーと、逃げ足いいでしょう、ハッピなんか着たら。それで辻説法やったわけですよ。

有馬　それ、岸和田でやったんですか。

田辺　ええ、岸和田で、そらもう、〔不明瞭〕いうてね、その上に乗って演説やっておったん見たことある言うて、わし、忘れておったんですけどね。そしたら労働者の解雇問題があっちこっちで起きるでしょ、皆持って来るでしょう。でそのような交渉に行ってやるでしょう。ほんだらもう社長はびっくりしてしまうもんね。

その当時の会社で社長の息子なんか、まあ行って、「おいお前の親父に言うとけ」と言うような人が、僕らがもう五十ぐらいになったらちょうど会社の社長になってきた。だから案外まあ晩年にはそういう人に言うこときかして、ある程度、せやから岸和田では進歩的な教育がね、やっぱりまあ出て来たんです。

親父は私ら怨んで死んでるけど、息子は「うちの親父らが無茶やったから田辺先生にえらい怒られて」て言うて、岸和田では今そういう人が社長になったり、偉なってますわね。そやから案外昔のことほめてはくれるけど、当時は仲々もうね。

有馬　それはしかし仲々目立った行動ですね、相当派手な。

田辺　けどね、岸和田の女学生が新聞に載った私の写真をね、切り抜いて財布の中へ入れてね、やっぱりカンパ運動ありましたよ。五十銭とか三十銭とか小遣い寄せてね、で封筒へ入れて、朝起きて戸開けたらバラバラッと落ちる、中見たら、三円五十銭入ったり、五円入ったりね。そういうカンパをね、かなり集りましたよね。それで紙買うてビラつくって、でもうその当時でしたら皆来る者が字書いて自分で十枚二十枚のビラをバアッと書いて演説会へ。演説会は演説会で入場料とるでしょう。十銭なら十銭と。それで金入るわね、それは生活費に充てるということにして、そういうことがやれたわけですね。

有馬　演説会は相当集まりますか。

田辺　そりゃ集まる、演説会は警察が来るから。もう満員ですよ。田辺納独演会というようなんをやったことありますよ。二時間くらいぶっ通しですよ、そやけど、たいてい一時間もやらんうちに弁士中止でね。そいで、もめるでしょう。それが芝居見るより面白いから皆来るわけですよ。

そういうアッピールは効いたわけですわね。そこでもうはっきりと保守と革新に分れ、好意持ってくれる人と、あるいは参加は出来んけど側面から応援してくれるというので、案外ね、あの運動し易いですわね。ただブタ箱へ入るつらさがありましたけど。

有馬　演説はお得意な方でしたですか。

田辺　まあ、僕は実践家やからね。そやから案外人の心をつかむような、感情をそそるようなね、演説をやりましたからね。そやから、農民運動でもあんだけの弾圧の中で、あんだけ警察をこわがる村でね、あんだけの組織が出来たんですからね。そら、農民組合一つ作るのでも。二年も三年もかかってやね。巡査いうたら一番恐がるものね、百姓は。その中で組合つくるんですからね。いわゆるアジテーターでないとそりゃ出来へんですね。
有馬　その始めた頃の仲間は何人ぐらいですか。
田辺　やっぱり十人くらいおりました。それがだんだん増えていってね。それが岸和田の紡績というようなね、まあ記録もありますけどね。『朝日新聞』なんか号外だしたんですからね。
有馬　ああ、争議で。
田辺　ええ、争議の。
有馬　どのくらい続いたんですか、岸和田紡績は。
田辺　そうですね、ひと月くらい続きましたね。もう今でしたら、その後でしたらだいたい、あんたもう、騒擾罪にひっかかるんですけどね。その時は署長もちょっと腹のある奴で、騒擾罪も何もかからんですみましたけどね。
有馬　争議自体は最後はどういう格好で終わったんですか。
田辺　惨敗ですわ。
有馬　ああ惨敗ですか。だいたい当時の争議というのはまあ……。
田辺　惨敗やけども、やっぱり改良されますわね。まあ、女工は皆、その当時一般の人は豚々と言うてね。外出は門限があって、今のような自由はないわね。そやから豚のような生活と。そやから女工さんに皆、豚々と言ってね。豚と言うたらもう女工に決まっとるんや。
有馬　やっぱり泉州は機業地帯だから、そういう……。
田辺　そうそう、それがやっぱり中心になって。それが農民運動に発展していったんですよ。農民運動に発展していってもね、私らが村に入ると、年貢が下るんですよ。もう農民組合つくられたらかなわんから。警察がダアーッと後追いかけてくるでしょう。そしたら地主もやっぱり同じように警察、恐がりますわ。負ける。

警察が来てえらい騒ぎになった、そやったらまけとこかと。そやから農民組合が出来かけたら地主は年貢負ける。すると百姓は利害関係に強いから、もう年貢負けてもうたら、田辺さんの名前言うて負けてもろうたらそれでええやないかと。お宅の奥さんの里の藤井町あたり皆それです。私の近くですからね。組合も何もでけんと年貢安うしてもろてね、甘味吸うてますよ。

有馬　人名事典見ましたら、ちょうどその同じ頃にですね、逸見直造の借家人同盟ですが……。

田辺　ええ一緒にやったことありますよ。

有馬　逸見さんという人はアナーキスト系の人でしょ。やはり相当影響力のあった人ですか。

田辺　いやー、まあ、借家運動ではね。あの大阪府下全体を回っていましたからね。なかなか演説も上手いしね。

有馬　あーそうですか。この人は割と早く亡くなったんでしたか。

田辺　いやー六十くらいまで生きましたけどね。息子は逸見吉造というて。あれどうしたんかね。

有馬　何か本（『墓標なきアナーキスト像』三一書房、一九七六年）を書きましたですね、もうしばらく前になりますけど。この借家人同盟なんてどのくらいの組織もってたんですか。

田辺　ん、かなりの大きな組織もっていました。大阪ではね。大阪は家賃は高いからね。そやけどもう、つくって家賃が下がれば、もう皆去っていきますわ。

人間てえのは汚いもんでね。しかし、まあ労働者なんかはね、今と違うてね、その時分の労働者はやはり指導者に心酔してね、右手上げれば皆右手上げるという精神的な影響力ちゅうのはね、皆ありましたよ。私ら、それと比較して今の労働運動見るからね、もう愛想の皮も何も尽きてしまうわけだ。もう全く幹部とヒラ組合員の間はね、もう何とちがう構造になってきたでしょう。で、組合費とるし、選挙一つやっても、私の倅、選挙一つやらしたかて、弁当代六百円持って来いと。まあそんなにね、社会運動、階級運動するのにね、自らの同志から金をとると、その金どこから出すかというたら、私。親がおるから、私が借金して出すと。そないせんな選挙動かんですよ。

だからもう今、僕は労働運動に関心なければね、もう腐っていると。で特に大きな嵐になったら、一番に早う逃げるのは、日教組辺りが一番早いですよ。そんなんはね、集団の力で物言うてるけども、弾圧の嵐が、まあ仮に政治形態が変わって来てね、段々変わりますよ。変わって一番反動化するのは学校の先生ですよ。僕はもうそう睨んでるんや。学者はそうでないですけどね。ちょうどあの河上〔肇〕博士みたいね。あの人なんかもう最後までね終始一貫通しましたわ。私、東京の渋谷で、ちょっと身辺危い言うんで、我々で同志が行って守った時に書いてくれたんや、これにね。生誕百年祭が今年あるでしょう。私、金を送っといたんですけどね。そやけど、そういう昔の人と会うて話するのは懐しいし、またあんたみたいな若い人から聞かれたら、うれしいしね、だから今労働運動の幹部と話すんは、僕、避けるんや。もう、労働官僚に等しいですな。今の行政の官僚、高級官僚のやってんのと、同じことやってますわ。

総同盟泉州連合会の結成

有馬　ちょうどだいたいその頃ですけども、大正十二年頃ですか、総同盟の泉州連合会というのが出来る。

田辺　そうそう、こしらえてね。

有馬　それはもう結成から。

田辺　それはね、出来てもね、皆幹部は買収されてね、脱落するんですよ、なんなんかね。岸和田に昔、関西精工というて、あってね。東京精工があって、こちら低賃金でしょう。向うには労働組合ちゃんと出来てね、三木治郎が組合長で、それが関西精工をつぶすために、こんな大きな鞄に金一杯詰めてね、そして、やって来たわけです。

それで僕らにね、ストライキやらしてくれと言うてね、金は幾らでも出すと。後で分ったんですけど、東京精工から金が出てるわけです。それで労働組合使うて、こちらの組合をね、同じ〔ワイヤー〕ロープやから、産業別労働組合つくるのにね、一つお前らも立ち上がれと。

それを暴いたのはね、亀戸事件、震災で亀戸事件で大杉栄らと一緒に労働組合、だいぶ殺されたでしょう。あの時生き残った佐々木拙が来とったんですよ。それと僕と仲良かったんですよ。それがね、暴いてね、ほいで僕らの手でストライキ入ってね、ほいで収めたことあるんですよ。東京精工排除してね。

まあ、そんなこともありましたよね。そやから、仲々幼稚な労働運動だけに、また、そういうあの総同盟の幹部が金持って、こっちの関西精工のケツ押しに来てね、ほいで関西精工つぶして東京の市場を安定さすためにそういうカラクリでね、動いたこともありますけども。

そやから昔はまあそうやってね、あの資本家も、労働組合、まあ締めつけ工場でね、もう労働協約結んで、ああ恐らく東京でそこだけでしょう。東京精工というてね、東京精工株式会社ね。

寺田紡績のストライキね、あの山田六左衛門、山六というて、もう死んだけどね、あれなんか種子島から学校の先生しとって、大杉栄の追悼会やって、ほいで学校放り出されてね、ほいで大阪へ来たわけだ。そん時、僕とこへ来て、で泊って、ほいで僕が寺田紡績へ入れたわけだ。そしたら寺田紡績入れるのに、巡査が同じ種子島で、あいつやったら先生しとったんやから俺が紡績へ入れるわて、それが紡績へ入ってフラクつくって、ほいで中で組合つくらせたことあるんですよ。

その巡査、もう死んだけどね、同じ同郷やから。その山六もこないだ死んで、追悼の集会、だいぶ寄ったらしい、私よう行かなんだけれど。ほんであいつが還暦の何する時に、わしの恩師は田辺納やと言うて、案内状に書いて出して、盛大な還暦祝いやったことある。でそれは共産党除名されてね、国際派でね。志賀義雄らと一緒に出た男ですけども。まあそんなことやらいろんなことありますわな。古いことで。

有馬　だいたいあれですか、泉州連合会というのは紡績会社中心ですか。

田辺　そう紡績ね。鉄工もね、個人的な組合が、あっちで二人、あっちで三人とかね。泉州鉄工労働組合とか、合同労働組合とか色々、それもほとんど死んでおられないですけどね。

そやけど、たいてい私が最初にね、今あの、増本重三郎いうて『南海新聞』やっておりますわ、あの大阪でね。それがちょうど私らと一緒にいつも左の運動についてきた男ですけどね。今でもやはり『南海新聞』

で正しい方向を示しながらね、その新聞を発行していますわ。ま、月に一回か二回出してね。もう年寄りやしね。楽しみは女工を推薦したり紹介したりして、今はもうこんな時代やから、もう相手を警戒しないしね。土佐の男ですけどね、土佐からずい分そいつの手で女工が工場へ入ってますわね。それもだいぶ弾圧されたでね。それと岩瀬ね、これは御大典の時に、獄死した男ですね。これも、私らだいぶ検挙されて何べんもブタ箱へ入って、もう天皇陛下が京都へ即位に来るのにひと月前から検束される、それで保護検束ですか、その時、相当やられたわけです。

わし、面会に行ってね、丼で食べさして、ふたをこう持っても、ポトンと落とすんですよ。田辺君、俺はふたを持ってる力もないんやと、そんなに力なかったら、それ食わなんだら余計力抜けるやと、丼二杯か三杯食いましたわ。

ほんでその晩に私その御大典の行事見に行っとったら警察がえらい捜してるんですよ。ほんだら死んだて。お前らこれ殺したんやと言うたら、すぐ来てくれと言うて。行ったらもうちょうど刑事の調べ室に寝かしてましたけどね。完全に殺したんや、絶対に死骸受け取らんと言うて騒いで、受け取って、死骸を春木から岸和田の墓地までね、私抱えて、新しい布で巻いて皆かついでね。警察が周辺固めてね、送ってもらう人より警察の方が多いくらい。ほいで墓場までかついでね、革命歌歌うてね、葬式したことあるんですけどね。

ほんでその時分に、佐野裁判医いうて、古い裁判所の医者ね、それが最後に検死して、我々は殺したんやから死骸は受け取らんし、その責任はどないするんや、そいで告発の、小岩井浄と私と赤松五百磨と三人程の名前でね、虐殺の告発をしたことあるんですよ。まあ、そんなの告発したりするのね、警察も、検察庁も〔□□録音不明瞭〕……。

そやから弾圧はもうあらゆる面では一概に受けていますわな。合法的にやってるもんわね。三・一五事件、農民組合も泉州地方でやっぱり二千人から出来ておりますしね。相当組織が……。
私はもう農民運動専門になるんですけど、というて労働組合が出来りゃ、総同盟からオルグとして派遣されて来るでしょう。すぐにこれで買収されてしまうんですよ。行方不明になるんですよ。そしたら後、引き受けんな仕様がないでしょう。そやから私は農民組合もやり、労働組合もやり、両側ずうっと押して来たんですよ。

有馬　労働組合のオルグなんか買収されるってのは結構多かったんですか。

田辺　そりゃもうほとんど。私達、地元の人間でしょ、岸和田の、まあ和田が岸和田の城主でしたからね。奥っていうてね、その和田の系統ですから、うちはもう七百年から岸和田に定住してんやからね。裏切る事はでけしまへん。

そやから私は頑としてそういう誘惑にはね、乗らなかったからね。うちの親父でさえ誘惑するんやから。お前、分家するんやったら、ちゃんと財産つけてやるさかい、ね。財産なんて要らんと、大衆は俺の味方やというようなこと言うてね。まあそりゃ二十歳代やから言えるわね。それが三十過ぎ四十過ぎても、なんちうても、その間に子供を三人も死なしね、家内、二人死なし。そりゃもう、これでもか、これでもかと笞打たれましたよ。それでも転向は絶対しなかったですからね。

せやさかい、戦争中に杉山元治郎、農民組合のね、僕に、田辺さん、あんた農業報国会に入ってくれと、そしてもう戦争のために仕様ない、奉仕しようと。それは分ると、だけど僕は権門には屈しないと。
やはり戦争に対する、間違いもあるんやからね。それを批判する勢力もなければいかんと。私はその批判勢力の中で断じてその農業報国会に入らんと。それから、あの産業報国会がありましたね。あの労働組合が皆入った。それも誘いに来た、それにも入らなかった。あらゆる政府機関に入らなかったわけです。

でちょうど、中野正剛が、戦争政治批判勢力は残さんないかんと。それでその、やると。今の連中は、戦争中のことをなるべく語ろうとしない。けど、僕はやっぱり語るべきだと思うんですよ。あれは、やっぱり民族運動として、〔アジアの〕民族の自決ということは盛んに言われたんやから、それを政府は言わさまいとして弾圧しながらですよ、それで戦争に駆りたてたんですからね。

そやから、結局民族の独立、完全独立いうのは、やっぱり諸外国のね、第一アメリカに言わせと、そんなもん帝国主義に言わせというような気持で皆、雪崩をうって戦争に協力したんでしょう。それを皆恥ずかしがってね言わんですよ。私そんなのもう平気ですわ。

そやから終戦後でもね、あのCICが来てね、田辺さんあのCICへ出入りしてくれと、CICはああいう世界やから、あの日本の国民に疑惑もたれてもいかんから、嘱託になってくれと。ほたら西尾末広が嘱託になっていると、大矢省三がなっていると、田万清臣もなっていると、杉山元治郎もみななってくれていると言うてね。その当時のね、幹部を全部あげましたよ。

なぜ僕がならんないかんのやというてね、喰ってかかりましたよ。ほいで絶対ならんかったしね。皆嘱託の肩書もろうてね。

共産党なんか、その時、「解放軍万歳」て書いてやね、腕章つけてやね、私らの家へ家宅捜査に来たん。MP連れて。そんなこと、絶対私忘れへん。

そやから今の共産党腐ってるて言うてんねん。あんな解放軍万歳やなんて言うてね。僕はもう……、ほんで農地解放の時も連れていったりね。ほんで、あの将校集会所、食堂ある、そこで農地解放について賛成か反対か説明せえと。僕は反対やと。ところがね、あの人らは、聞けばね、土地を持ってるというて遊んで飯食えるいうのは、こりゃ搾取するんやから、土地を百姓に与えればそれでええと。ところが、僕は日本の自作農はね、大地主でない限り、自作農というものは、経営は不可能であると。営農資金が潤沢でないためにね、百姓は困るんやからと。自作農でさえも食えないのにね、小作農はなおさら年貢払うてね、食えないんだから、年貢はただにしてね、そして土地は国有にして、そして営農資金をね潤沢にせえと。そうすれば大地主の何百町歩と持っているのを国が没収するんやから、そして営農資金を出せと。そう言うてもね、お城みたいな家に住んで、百姓を搾取するんからやと、土地を解放したら皆金持になるとこういうふうに錯覚するんですよ。なんぼ言ううたかて。

で、僕はそう突っ張って突っ張り切りましたよ。結局、その通りですわ。今ね、また、あんた、大地主が出て来てますがな。東北地方へ行ったら、小作が、だんだん土地を放棄して、金のある奴は皆土地を買うてますやろ。また、もとのような時代来ますよ。

有馬　その土地国有化ってのは、戦前からのずうっと一貫した考え方ですね。

田辺　土地は農民やちゅうね。

関西における「アナ対ボル」対立

有馬　あの、運動の上であれですか、アナーキスト系の人との関係というのはかなり後までございましたですか。
田辺　私ね、あれは、ボルとアナとの喧嘩がね、大正、何年やったかな、確か三年か四年頃〔大正十一年〕に、あそこにある荒畑寒村の本見たら載っていますわ。大阪の天王寺公会堂でね、最後の統一運動のためのね、演説会があったんですよ。
有馬　総連合の。
田辺　そうそう、総連合の分裂があったでしょう。あの時に僕ら参加したわけですよ。その時には僕らいわゆる理論派やったからね、そのアナーキストの立場で行っとったんですよ。そしたら西尾末広やら皆来ておりましたね。大杉栄やら、荒畑寒村。ボルとアナとの分裂の時ですわ。そりゃ、二階で喧嘩は起る、演壇向けて竹槍突きだす、あの組合旗の槍で、二人程死んだんですよ。あれ、もう新聞発表しなんだけどね。突かれて、たんかに乗せて、運んだことある。ほいで、解散命じられて、僕らまあ二晩ブタ箱へ入ってね、そんで釈放されたんですけどね。
　あの時から、僕らちょっとボルの方へもう移って行ったわけです。やっぱり、あのギロチン社の中浜鉄なんかやっぱりテロリストでね、ま、今のゲリラですね。それだけでは大衆は従いて来ないと、だからもうボルにかわろうと。それから農民運動を積極的にやりだしたわけです。大正十一年の農民組合が出来て、ほいで私が大正十二年に始めて農民から組織に参画したわけですよ。

有馬　中浜鉄なんかとはやっぱり関係がありましたか。

田辺　別に関係なかったんですけどね、僕らあのいろんな何をやっておる時にね、山の中で爆弾つくった男や鉄工所の職人やとかね、そういう連中が一緒にやっておったでしょう。ほんだら、僕のうちでなんかやっておるということでね、家宅捜査受けて、天井からもう皆突きたおして。ほいでひと月程捕まってね、ま、何もなかったわけですからね。釈放されてきましたんですけどね。ま、それがいわゆる、ブタ箱へ入って、お前ら福田大将を爆破したやないかと、これは大きなことやりよったんやな、そすとこれはまあ十年くらいうたれるなと、ええいもう死刑より重たい罪はないわえと思っててね、また何か転換せなんだらね。

だから僕は言うんですわ。好きやとか嫌いとかでね、社会運動するんと違うんですわ。何か使命がなければ、好きや嫌いとか、おかず食べとって漬物だけだと毎日飽きますわね、それと一緒ですよ。ブタ箱入って、ええということはめったにないですよ。誰も嫌いますよ。ところが、そのブタ箱に入って何かに転換するということはね、僕はもう捕えられてね、死刑より重たい罪ないと。そしたら死刑になれるような罪は犯してないわね。そう思うたら気が楽になって、三日や四日おったかて、一番長い奴で三月くらいやしね、おかれるのはね。案外楽ですわね。そやから好きやとか嫌いとかいうことでね運動するんやったら、止めるいうんです。ブタ箱へ入ったらね。

僕はなんぼ僕放りこんだかってあかんやから、そやから警察の方も三十くらい後はね、もう危険視する、いろんな国家的行事で要視察する場合はね、二人くらい尾行をね、午前中と午後と交代で代ってね。東京へ行くいうたら、もう岸和田から尾行ついて、ほいで京都出て、引継ぎをして、京都で引継ぎ、米原で引継ぎして、米原から今度は浜松か沼津か、あこで引継ぎして、警視庁へ今度は行きますわね。

三〇過ぎてから、そういう細かい検挙はあんまり出なんだですよ。それまではもう僕は一番検束されたん多かったでしょ。演説の一番中心いうたら、何が中心かというたら、ダアーッと寄ってつかみ合いしたりね。和歌山で乱闘になってね、演壇で。ほいで向うは電車で追うて来る。僕らは歩いて逃げたですよ。それで助かったんですよ。捕ったら一月くらいぶちこまれているとこですよ。警察官もあんた半殺しにしたんやからね。

有馬　するとやっぱり、あれですね。演説だとだいぶあちこち当時まわられたわけですね。

田辺　ええ、関西はもうほとんど行ってますわな。その他農民組合の本部の役員してからね、遊説にまわってますけどね。

九州でちょうど福佐連合会が分裂してね、それをまとめるのに松本治一郎の家に世話になってね。でちょうど私の鞄持って農村まわったのは田中織之進いうてね。後で分ったんですけどね、戦争すんでから、ほれ、ここに載ってます、代議士になったんだね。これが私の鞄持って歩いたんです。読売新聞の編集副部長しておってね、ほんで和歌山の代議士になって、和歌山出身やからね、代議士やって。「先生、私あんたの鞄もってずっと歩いたんや」と言うから「なんでや」というたら、「いや、先生、松本治一郎のとこにずっと居られる時に、私、あんたの鞄もって」て言うて、「ほんで農村まわってん」、「そうか。農民運動しっかりならえ」言うてね。ほいで、和歌山でずっと連れて、和歌山の開拓にずっと戦後歩いたんですよ。それが大臣になってね、もう可哀想に死んだけどね。

有馬　するとだいたいあれですね。農民組合。

田辺　そうそう、農民組合が、わしほとんど中心ですわ。

有馬　農民組合を主にやられるようになった頃はちょうどアナーキストからボル派になった頃ですか。

田辺　そうそう。なって、それで農民運動やってね。そやさかいアナーキストにも狙われたりね。

有馬　ああ、やっぱりそうですか。

田辺　ええ、けれど終りにはもう来んようになったですけどね。

有馬　やっぱりその当座はそういう。

田辺　とにかくアナーキストは何でも闘かおう、闘かおうと言うて来てね、戦略も戦術も言わんですわ。いかなんだら殺したらええと、いかなんだら人糞でも顔にぶつけたらええんやと、そういうならん話ばかりするからね。

もう戦略は良くともね、戦術についてはもう幼稚なもんでしょう。こっちはやっぱり大衆をつかんでいるからね、やっぱり利害関係があるから、利をやっぱりもたらしてやらんと、農民はついてこんですわ。それからブタ箱へ入る。百姓連れて入ったら、百姓三日もブタ箱へ入れて見なさい。そらおかみさん連中がワンワン言うてね、組織がつぶれるでしょう。なかなか組織を守るいうことはね、並大抵やないですよ。

そやからもうボルにかわってね、それからもアナーキスト来いと、喧嘩するんやったらいつでもしたるぞというて。そら、アナーキストは勇敢ですよ。僕が演説やってる最中、演壇へ二階からバアーンと飛ぶんですよ、前へ、わしが演説やってる前へ。そらそういうことも度々あったけど、それからアナーキストもだんだん減ってきてね、もうそういう人もなくなってきて。まあその点で幸せでした私はね。ずっと、この辺ではアナーキストは一人もいなくなったしね。

初期の農民運動

有馬　その初期のこの辺りの農民運動は、先生の他にどういう人が中心で。
田辺　西納楠太郎ね、当時の。それからまあ農村でだいぶね、もう亡くなった人はたくさんありますけどね。お百姓さん、百姓兼専業的にね、やっぱりやってくれた人ね、〔不明瞭〕ね。こりゃもう織物業者になりました。息子は百姓継ぐと言ってますけどね。あの〔不明瞭〕でね。中野健吉とか。
有馬　西尾さんというのは後からですか。
田辺　西尾治郎平ですか。そうですね、昭和何年頃にいたかな、三・一五の前か。こりゃまた、文学的にも熱心でね、あの歌の本こしらえたりね。革命歌やとか。
有馬　ああ、革命歌。
田辺　こないだ私の喜寿の会やるのにね本出せと。そやけど、俺もう本はね、死んだらね、子供が出したらええんやから、もう『四十五年の樅』で充分やと。後はもうわし死んだら、子供が出したらええんやからもうやめてくれと言うて出さんとやめたんですがね。
有馬　西尾さんもまだご健在ですか。
田辺　ええ健在です。ちょいちょい来ますよ。あれ、ええ男ですよ。共産党やけどね。

有馬　ああ、今はもう。
田辺　共産党へ入っとるんですよ。けどねもう今は共産党もああいう人を大事にしないわね。
有馬　すると西尾さんの場合は戦後すぐに共産党へ入られたわけですか。
田辺　そう、僕はもう入るなって言うてあったんやけどね。もう農民組合一本でね、共産党とかや社会党とかなんていうたらね、組合は分裂するから。一本にまとめるためにもうお互いに気持はもっておってもええからね、もう党だけには関係するなというてね、しとったんやけどね、どうしてもね。

こっちでは、私、追放になったでしょう。それでもう代議士もやれなくなったしね。そやから農民組合一本で行こうと。そやけど労働運動も、不思議でしたよ。私をね追放解除のため西尾末広やら死んだ九州の代議士でのあれは農民運動家でね、中学の先生している時に、姶良郡の男ですわ、富吉栄二。
有馬　富吉さん。
田辺　あれが鹿児島でね、県会議員に出る時、わし応援に行ってね。当選して、それからずうっとして、で東京へ行った時に、富吉よ、大臣になってへボ易者になるなよと言うたら「へボ易者て何や」て。へボ易者というのはね、タァッと二階へ行って床柱の所へね、赤ゲットひいてね床柱の前へ座ってね、下へお客さん待たしておいてね、ほいて、二階へ、サァ次のお方お手々出しなさいていう、そういう態度をへボ易者ていうんやと。そやからへボ大臣にならんとけよというてね、いっぺん言うて来たん。

その時に俺の追放解除、お前ら力出したらどうや、私はもう一番先に大阪で私や杉山や田万ね、ここら西尾末広公認でね発表したんやと、結局東方会の関係あってね、ほいで追放なったわけだ。そやけど、私はね、追放する弾圧するのは相手やからね、こんなもん、日本政府がしてんやら、アメリカがしてんのやらどっちか分らんから、くくるんならくくれと言うてね。

この辺の労働組合、戦後の総同盟つくったん私ですがな。ほとんど私ですよ。私の息のかかっていない労働組合一人もないですよ。したって何もくくりに来えへん。それに新潟やら埼玉県あたりは、追放該当者はね、演説を三人以上の前でやってもひっぱられていますわ。わしいっぺんもひっぱられずや。ようひっぱられへんもんCICは。

そやからね、昔からそういう哲学もってました。弾圧すんのは、相手やと、弾圧を予期してね、あれしよう、これしようということは敗北主義やと。そやから、今の共産党はそれやからと。弾圧なかったらやるけど弾圧あったらようやらんというのは、今の共産党やというて、わし共産党を批判して喧嘩したことありますけどね。

本当ですよ。私そやから追放になって一日もひっぱられへんかった。農民運動はずっとやってた。農民運動やってたら政治経済みな論じますがな。ほんで労働組合の運動だけはね、せっかく組合つくって総同盟の役員もし、総評の役員もしたけどね、やっぱりそれだけは遠慮してくれというて役員だけはやめましたけどね。農民組合の役員だけはずっと終戦後委員長を続けてきたん。

有馬　ああ、追放中もですか。

田辺　ええ。そやからね。相手は弾圧すんのね、勘定してこんなことやったら弾圧すると予期してやるいうことはね、こりゃ敗北主義というんやと。弾圧は相手がすんやから、こっちは、ね。せやさかい僕は絶対やめへんと。

ほんで、これの解除のあった時ね、大阪で高裁の判事しておった色川幸太郎という弁護士ね、これはずっと私と兄弟分みたいにしてね、階級的な顧問弁護士やってくれたり、色川幸太郎やね、死んだ西尾君や皆寄ってね、私の祝賀会やってくれたんです。その時、色川は初めて言いましたよ。田辺君だけはね、該当者が行動の範囲をね、その法律を僕が見せたかて読めへん、こんなん見て何も出来るかちゅうて読めへんと、実に危険なことね平気でやった男やと。ところが一回もひっぱられんですんだというのはね、もう恐らく日本全国で田辺君を措いて他にないだろうと、私ら体を張りましたましたよ。

有馬　稲村さんも伺った時は、だいぶ大人しくしておられたと言ってましたから。

田辺　そうよ。稲村、何にもようしえへん。僕らの中でくらったの、稲村と僕二人ぐらいやろうな。順三も死にましたやろ、稲村順三ね。水谷長三郎も死んだし、まあ三宅は生きてるわ。江田三郎は死んだ。それから稲村は、なんや若いヨメさんもろうてね、東京へ行ったら冷やかしてやんなさい。孫みたいな人を嫁にしとるわ。

有馬　そうですか。

田辺　新潟へ帰られへんから。帰ったら、もう帰ってくんなと言われるから、息子に。甥がそれであの市長してるでしょう、三条の。

有馬　そんな若い奥さん、もらったんですか。

田辺　ほんで東京におるんや。何や、社会党の『社会新報』の印刷の会社ね、そんなんして、そんなんやめとけ、年寄ってね、やっぱりお互い社会運動した人間はね、運動でね、やっぱり運動いかんなね、そんな商売みたいなものやめとけてわし言うんですけどね。私ら病院やってるけど、病院は一つの階級運動の一つやと思うてやったんやからね。

有馬　あの、その農民運動の役員なんかずっとされるようになって、だいたい主にずっと岸和田に居られたんですか。動かれたんですか。

田辺　まあ、住んでたのは岸和田やけどね、ほとんど岸和田へ帰ってくることはないわね。もう行たとこに、もう農村に泊ったりね。

有馬　役員はそうすると、あれですか。

田辺　そやから五十年の表彰の時に、わし傍へ置いちゃあたんけどね、これもそうやと思うわ。農民運動の。

有馬　五十周年記念の。

田辺　こんなん、ぎょうさんもろてあるけど、これだけ石田君が一つくらいあげといてくれやというからあげてあんのや。あの、何、本はずい分、出してあるんですよ。二十周年とかね、三十周年。これは農民組合の、こんなもんはあると思いますわ。『全農二十年史』、これは、その歩みというのは、終戦後のやつですわ。記録を大事にするということでね。これも終戦後ですわ。

有馬　ああ大阪府連の二十年史ですか。

田辺　個人的には、こういうもん出せへん。須永好の日記て、これ群馬の須永好の。私ら一番苦労してますよ。三・一五でひっぱられる、四・一六と三・一五で。この人も相当苦労した人ですよ。河合義一ってね。農民運動で。『農民の友として』て本を出してますけどね。

有馬　それ、どこの人ですか。

田辺　これ三重の人ですわ。そやけどずっと本部へ来てましてね。

有馬　先生の場合はあれですか、だいたい府連の本部と。

田辺　そう、ほんで日農の本部の組織部長したりね。ま、関西ほとんどまわってますわ。

農民運動と政党

有馬　そういう組合運動と政党関係といいますか。

田辺　政党はまあ共産党以外は労農党、ずっとそれ一本で、ほんでその筋をずっとね。今でもそのつきあいはね。やっぱり昔の労農ね。

　私、中国へ、中国共産党から招待されて行った時ね、工作隊がおる、中国にね。でその工作隊が手帖を持っていますわね。でその日常のなにを書き入れるんですね。ほんで、二十人か、十何人行たんです。私がまあ団長をやってくれと荘原達君に、この男ですな、これは僕より年が上ですねん。荘原君、お前せえと、俺は副団長やったると。そしたら特別扱い受けられるわけですわ。やっぱり中国てそんなとこですよ。

　汽車でも行きしなの汽車は帰るまで、そのまま置いてくれてあるんですよ。アメリカがつくった特等室ですな。二人ずつ入る汽車ですわ、一部屋にね。でそこへね僕と二人入っておったんです、で工作隊員が三人に一人くらい、日本の大学出た奴ばかりですわ。日本語も上手いしね。ほんで、ふっと手帖忘れてね、あっちの部屋で話してるので。それで僕はその手帖見たんですよ。ほたらこれ日本の特高警察が調べた以上のこと調べていますわ。例えば私の場合やったら、その系統書いてあるんですよ。労農党、それで労農党から始まってずうっと細かに、ほんだら日労党やったら日労党ね、大学やったらなに出てんのやと、そんなん詳しう、ようあんだけの資料どうやって集めたんやと思うくらい、そんなんね。
そやからずい分日本から行た自分らが、皆そういう系統を知られたんを再確認してるわけや、向うで。そやからウカウカしゃべっとったん、全部化の皮がはげるわけですな。感心したんです、えらいもんやなと思うて。その辺は四人組の何で、日本へ来てちょっと売り出してんのは。今、日本大使でしばらく来てましたね。あれは、僕らが行た時に僕らの案内役でした男で。
有馬　あの大正の終り頃に無産政党が出来ますけど、あの日農が最初にアピール出しますね。
田辺　あれは、そう労農党でけて、解散喰うて、その時農民組合が提唱して、少し柔かめを出すという意味で政策的にやったわけですよ。農民労働党でしょ。
有馬　はい、農民労働党です。
田辺　あれは、日農がやね提唱して、ほんで呼びかけたわけですよね。
有馬　先生は、そういう政党関係は直接、タッチされましたか。
田辺　やりました。やっぱり東京へ行たりね、大阪でやりましたけどね。農民組合の方が大事やったからね、主たる役員をもたなんだやん。途中で労農党は何遍も分裂したでしょ。そやから、もうそんなんしてね、政党で農民組合の大事な組織を空中分解さすのはかなわんと、だから政党支持自由というね、あれは昭和何年頃やったかな。昭和六年、八年くらいやったか。政党支持自由ということをね、提唱して。
せやから政党のために農民組合何度も分裂しましたがな。日労党と別れた時もそやし、ほんでまた、統一して日本労農党になって、日本、社大党か、社会大衆党か、最後にね。そしてしまいには、日労党と社会党と統一するということで終戦間際ですわ。戦争に入ってからですね。その時も反対して、もう、東方会も一緒に大同団結するという、その度に農民組合は組織を派閥で分裂するでしょう。だから、僕ら、もう政党支持自由だということで、出来るだけ組織を守ろうというんだね。組織を一つつぶしたらね、つくるのん大変ですよ。やぱり組織があればね、あるいは労働組合をどんどんつくってあれば、戦争がおきてないかもしれんわ。皆、雪崩をうって戦争に突入したでしょう。組織がないからですよ。

有馬　農民組合の場合は、あれですか、伝統的に組合第一主義というか、そういうのはあるみたいですね。

田辺　そう、分裂の経験を何回もうけて、被害をうけてるでしょう。労働組合なんかになるとね、もう戦争中なんかほとんど壊滅状態でしょう。農民組合だけは、そのまま残っとったですからね。まあ、農村同盟とか、名前を変えて大阪協同農民組合とかね、ということで名前を変えて置いてましたからね。

有馬　労農党系ということは、稲村さんなんかと同じですね。

田辺　そうそう、僕ら一緒ですわ。全農全国会議でね。僕はもう農民組合では、いつも左翼的な傾向をずうっと保っとったですからね。全農全国会議の議長もやりましたしね。

有馬　実際問題としてはどうなんですか、例えば農民組合に、政党の方針がもちこまれるとかですね。そういう問題については、当時はどうだったんですか。

田辺　当時はね、百姓はね、組織がつぶされさえせなんだらね、指導者の言うう通りになりましたよ。そりゃもう正しいと、労農党の農業政策だって、社民党の政策だって皆一緒でしたものね。また、労農党で専従でやってる者は、農民運動なんかにはやっぱりなんちうんか、勉強が足りないしね、即労働組合のこと考えてやるからね。

有馬　そうすると、そういうズレみたいなものがやはり少しあるわけですか。

田辺　そうですね。

有馬　先生みたいに、農民組合の……。

田辺　僕ら、やっぱり農民組合の第一主義や、な、だから農民組合の要求する政治的要求を満たしてくれればいいということで、それは簡単ですわ、複雑やないものね。思想的なものはないから。政党に対する意識はね、こりゃもう一緒ですから。

有馬　共産党系の直接の影響力というのはどうだったんですか。

田辺　ありましたよ。そりゃ、もう農民組合の、それがために、共産党の一番大きな過ちはね、学者連中のいわゆる、無産階級方向転換という、福本和夫のね、あれらのね、当時、あれがもう断然おさえとったからね。

それでもう共産党は、即共産党ですよ、農村委員会、もう農民組合は要らんと、で、もう農村委員会、農民委員会というのは、委員長は村長やと、もう革命は明日来るというてね。そりゃ馬鹿だね、僕らもそう思うたですよ。だけど左翼の指導精神でやってる限りはね、そう言うて来りゃ、そう信じるが。ほんで農民委員会、労働組合は労働委員会、あれでもうほとんど日本の組織は壊滅状態になってしまったわ。ありゃ武装解除ですわ。何にも、あんた、戦かわずして、もう自らそこに入っていったでしょ。そやから、やかましう言うけど、あの組織があればね、戦争反対運動をおこして見なさい、そんなもん戦争になってないかもしれんわ。外交手段で解釈してるかもしれんわね。

しかし、農民委員会とか労働委員会とかやて、もうソヴィエトになんやから、委員長は村長やちうなこというて、そんな教育したもんですからね。そいで、僕ら全農全国会議をね、そういう方向へ解消して行こうとしたからね、僕らが反対したんです。

そら、そんなんしたらあかんというて、死んだ〔不明瞭〕君らと相談してね、お前内部で画策せえと、俺は奈良県と大阪と皆持って行くから、後は兵庫だと。ほたら、兵庫は長尾というバリバリがおったからね、ちょっと認めんと。で大阪と奈良県先に認めようと、ほんで、後で次の大会までに全部解決することを先決条件で決議だけしておこうと言うて、ほんで、僕は全国会議を代表して演説やって、即日復帰を認められたわけですよ。

そら、ああいうことを考えてみればね、共産党も大きな反省せないかんですよ。戦争も間際に迫ってるでしょう。大東亜戦争、ま、それは日支事変当時の前ですからね、もう満州事変、満州へ日本が侵略してたからですね。もういよいよ革命だというようなこと言ってね。

有馬　もうやっぱり明日にでも起るようなこと言って。

田辺　そうそう、だからもう革命の用意するため、農村委員会。農民組合なんて組織は必要ないと、農村委員会つくれとかね。全協、労働組合は全協当時でしょ。全国協議会ね、ほんで、いわゆる工場委員会とかいうもの、つくって。

もう、僕は日本のね、社会運動を学者がいわゆるその種子をまく、学者が誤った思想的自己陶酔でね、ああいうことやったんやと。僕はだから向坂とかね社会党、今、あの社会主義協会やってるでしょう、そら、いいですよ、研究することは。しかし、あの人のやり方を見るとね、未だその癖残ってるんですよ。今あんた、野党連合ていったって、あんな市民連合とかへちまやとかいうてやってるけどね、あんなん糞にも突っぱりにもなれへん、やっぱり社会党ですよ。だから社会党はしっかりしてね、共産党でも引きずって行ったらいいわ。お前らも合法的に社会民主主義を、議会民主主義を肯定してんやからついてこいというて社会党が必死になってバァーッとひっぱって行けばね。二百や二五〇人、過半数取れるんですよ。それをようやらんもん今の社会党は。

有馬　当時、労農党はあれでしょう。共産党のフラクションみたいなものがあるわけでしょう。

田辺　あったんですよ。

有馬　そういうのは、分るわけですか。誰それは共産党らしいというのは、見てて分りますか。

田辺　分る分る。分るけどね、やっぱり大きなことよう言わんわ。まあ、学生がね、バァッと入って来てね、あの農民運動手伝わしてくれと、よしというてね、そしてビラをぱっと見たらね、農民委員会のビラさげてね、ソビエット〔不明〕盛んにこう読んでね、やっておる。僕はそういう点はね、割と抱擁力あったからね、コイコイコイと、そして使いを出したりね、それは真面目にやりますわね。そういう学生やからね。

そらあんた、うちへ、関ちゅう大阪市長の息子も大学へ行ってる時にね、在学中ずっと来ておったんですよ。それからね、あれは中国の銀行、中国銀行の頭取の息子やちゅうてね、本名は分れへんけど、あの和田ちゅう名前でうちへ来てね、私のうちで三年程おったけどね。それもいっぺん会いたいと思いますが、戦争へ行って死んだのか、もう分らんですけどね。まあ、関の息子が死んだからね。皆やっぱり大学へあの、いいんですよ大学へ行ってる人はね。それで僕らとても実践運動でけんから、まあ卒業して文筆で金もうけしたら、その金を使うてもらうと、こう言うてね。そうか、楽しみにして待ってるわちゅうてね。そしたら、商大移転問題ね、大阪商大移転問題、あれ十何年かかったんです、反対運動ね。で、三年がんばって、その時なんか関市長の息子なんか皆、ニュースもって、今日はお父さんおるとか、まあお母さん家におるからと、ほたらもうおかみさん連中を動員してね、で関市長の家へ陳情に行ったりね、そういうふうに役立ててくれたことありますね。この子はもう死んでもうたからね。

有馬　あの、労農党は一度つぶれて、でそのあとまた再建運動がありますね。その再建運動の方には先生は関係なさいましたか。

田辺　おお、行きました。やりました。で、結局もう最後の労農党が色々な思想的な分解が起きましてね。我々が政治的自由獲得同盟、大山郁夫やら皆ね、それで河上肇の家へ行ったりね、したんですけどね。

政治的自由獲得同盟。その時もう、あの人も共産党今のやり方いかんと、この間まあ河上さんの伝記をテレビでやってましたけどね、もう最後まで共産党できてるけど、実際は共産党いっぺん離れたんですわ。それで政治的自由獲得同盟入って、それからあの、結局もう農民組合も一切政党に関与しないということでね、もう農民組合一本で行こうちゅうことで、それでもう満州事変が起きてね、だんだんだんだん運動が出来なくなってきたから。それで最後にあれ社会大衆党でしたか、ね。でそれにまた、もどって皆入っていったわけですわね。そこでまあ共産党とはっきりしましたわね。

まあ一番困難な時は政治的自由獲得同盟とか、労農獲得同盟とか何とかかんとか、ああいう名前をつけた時分は一番いやな時だったですね。もう僕らの運動の過程で一番いやな年でしたね。張り合いも何にもないもんね。一方では弾圧はあるしね。農民組合は崩壊していくしね、やっぱり。

有馬　どうですか。そうするとやっぱりあのそれまでの段階というのは、先生なんかご覧になってて、共産党とは、つかず離れずというそういう感じですか。

田辺　やっぱり一線は画してましたね。

有馬　一線は画してたわけですか。

田辺　ええやっぱり、内部ではね。しかし人が少ないからね。人が少ない、やっぱりあの、組織内の活動分子が少ないから。まあそれらもそれで表にまああんまりよう出さんからね。やっぱり我々に、ついて来てはいましたけどね。でそれは戦争すんで、そういう連中がずっと共産党へ出ていくし、共産党も……。

有馬　先生は三・一五の時はどうだったんですか。

田辺　それはもう、何もなかった。私らね、山田六左衛門とね、ほいで〔不明瞭〕というのがいてるけど、それはね、あの山田六左衛門の教え子ですねん。種子ヶ島から出てきてね。

それとあの、三月十五日にね、今日はね、いっぺん休んで、ピクニックに行こうと、いうて出たんですよ、朝早う。そのあとへ、家宅捜索来たわけだ。僕とこへね。それで僕の名前から、山田六左衛門、〔不明瞭〕どこに居てるとか、家内に色々聞いてるの、私途中から電話したらね。それで僕は山田六左衛門にね、山六お前共産党に入ってるんやったらね、逃げなあかんぞとね、お前こんなとこウロウロしとったらあかんやないかと、いや何だ、そんなん何だちゅうてね、あいつのこっちゃからね、道歩いとるんですよ。

僕はもう三日ほど姿かくしたけどね。それで家へ電話かけたらね、もう来ないと言うて、それで家へ帰ったんですけどね。そしたら山六はあんた、蛸地蔵という駅があるんですけどね、あの駅さがりでパッと捕まったんですよ。本人は意識してへん。三・一五事件やったら逃げないかんわね、共産党の検挙やったら。それを逃げんとあんた、パッと捕まえられた。

それで、〔不明瞭〕ちゅうのは、三・一五はのがれて、で四・一六でいかれたね。これは少年刑務所へ入った、奈良のね。そこへ入れられたんや。で子供やからちゅうて、途中で出てきてね、家へ来て、聞いたらね、ヤモリを口の中へ入れられたちゅうわ、こないかましてね、でキュッとつかんでね口の中へいれる、胃袋へ入ってくるわね、胃袋を嚙むのが、もうえらい苦しい。で精神異常をきたしとったんやて、一時ね。そのくらい拷問されたらしい。そんなもん子供やから、そんなもんは共産党員ではないのに、デッチ上げられたんでしょう。

有馬　農民組合自体もだいぶ打撃を受けましたですか。

田辺　いやいや、その時は、農民組合でやられたのは仁科雄一。大阪で、本部でいかれたのは仁科雄一、それ一人だけですよ。

　分りますよ、共産党へ入ったら。もう今まで、ゴールデン・バットを吸うておったのがね、あの、洋モク吸うたりね。おう、お前何でそんなタバコ吸うてるんや、と、いや、もう、どうせ引っぱられるんやからと。もうそんな事覚悟しとったんでしょうね。

有馬　ああ、そんなになる訳ですか。

田辺　ええ。それはびっくりしましたよ。それはまあ、一人何で、岡山県でいま生きてますよ。何年、六年ぐらい入ったでしょう。

有馬　稲村さんは三・一五で一応捕まってますね。

田辺　捕まってじき釈放されてるよ。

有馬　ええ。

田辺　あれ僕らはね、その内務省の警保局で調べたやつの話を聞いたんですけどね。その、アジテーターやと、これはね、共産党、やっぱりそういう風に折り札つけて、おいこれはアジテーターやから、共産党は入れへん、入れへんと、外でやる男やと、いうような調査でね、やっぱり厳密なんですよ。やっぱり調査資料もって、共産党で入れてますわね。私あれぼちぼち読んでるんですがね。『特高月報』ていうのあるでしょう。あれね、警察の情報やからね。まあ半分嘘ですわ。警察にええように書いてるからね。あれに書いてる通り全部読んだら出てくるけどね。

有馬　今『特高月報』なんて読まれてどんな感じですか、かなり調べてあるっていう感じですか、相当あやしいっていう感じですか。

田辺　いや、これはもうほとんど嘘ですよ。

有馬　あやしいですか。

田辺　まあせやけど、思想的な動きはね、参考になりますわ。それはもう絶えず内務省へね、警保局報告してんやからね。学校にもありますか、これ。

有馬　ええ、やっぱり買いますね。

田辺　たいがい僕らの名前、農民運動やったら必ず出てきてるでしょう。

有馬　ええ。やっぱりあの、どうしてもなかなか記録で、活字で残っている史料というのは少ないですから。

田辺　少いでしょう。私そこにあの、鞄に一杯あの、石油缶にね、あの薬の缶あるんですよ、そこへ一杯つめてあるんですけどね。せやけどもう、古いやつはみなもう散らばってもうてね。大事なやつもね、惜しいことやったと思うてね。でこの上へ資料館こしらえてね、でずうっと並べたろうと思うてね。社会運動資料館てゆうね。まあ死ぬまで建てて、そこへずうっと並べといたらね。もう本もね、本でもそらあの、河上さんの『第二貧乏物語』でもあったのをね、皆焼かれてしもうたでしょう。あんなん特高なんか、ほんまにああいう命令は出てないんやから、焼く必要はないんやけどねえ。社会運動の本を全部焼けちゅうあれでね。

有馬　先生はあの、全農の全国会議が出来ますですねえ、あの前後の動きというのはどういう事だったんでしょうか。

田辺　まあ、あの当時は仲々活発でしたですよ。全農の全国会議がね、ほとんどの県連合会おさえとったですからね。でおさえられん場合は何かの形で、関連性があってね。やっぱり全体的な活動をやっとったですよ。せやけど、だんだんだんだん共産党の間違った方向がね、全国会議を追い込んでいくような事になったでしょう。もう全国会議も必要ないと、いうようなね。農業委員会ちゅうようなね。もうこれは、こんな事をやったら農民運動をね、組織なくしてしまうと、いうて、大阪で一番に、僕らがそれ批判したんですわ。

有馬　稲村さんなんかはあれですね、労農党系なんだけれども、全国会議じゃないでしょう。

田辺　うん、はい。よう入らん。

有馬　総本部の方ですね。

田辺　よう踏み切らん。

有馬　あれはどういう事だったんでしょうか。

田辺　やっぱり新潟県の組織の関係でしょう。

有馬　ああ、なる程ね。

田辺　なかなか新潟県は組織が強かったからね。

有馬　そうですね、あそこはだいたい全体まとまって……。

田辺　まあ、あの人は三条中心にね、ほいで、石田君はそれに反対したしね、石田宥全ね。せやさかい、むこうはやっぱりお山の大将が多かったから。三宅正一とかね、三宅正一は右派やからね。若い佐藤佐藤治とかね、あれは共産党へ行ったんですけど、佐藤とかそういう若手の連中はね、やっぱり連絡ありましたよ。

有馬　ああ、やっぱりそういうあれもあるわけですね、全体としては総本部派なんだけれども、中のメンバーと連絡があるっていうのは。

田辺　あったですよ。ええ、やっぱり若い連中はね、新潟の若い青年層の連中でね、連絡は密にするという事で、情報だけは提供したりね。せやから私ら行こうと言ったって来てくれるなと、来たらもうすぐ分るからね。せやさかい、連絡だけはさしてもらうと、いう事で。それは、全国的には大きな影響あったですよ。

有馬　どうなんですか、そうするとその、全国会議派の場合に、あの共産党の方針が浸透してくるっていうのはね、あの……。

田辺　もうそれははっきりしたから、あの千葉の市川の会議ではっきりしたわけで。その時、僕は議長やっとってね、でもう全農全国会議を持続するちゅう事はね、農民運動の組織をね、再分割すると。それはもう絶対に、我々がそのでけんと。だから全国会議派をね、なんとかあの、全農の中にね、やぱり吸収していって、そしてあの、出直しせないかんと。その時もう共産党と一線画すあれが出てきたわけですわ。

有馬　あの、そういう場合は実際どうなんですか、府県連ぐらいのレベルでですね、中央の指導部がその共産党系の方針を持ち込むとか、そういう事はあるんですか。

田辺　あるんですよ、そういうの。でやっぱり委員長やとか、三役が共産党であれば、そやったらまあ、組織あげて皆行きますわね。だから全国会議派に皆集ったわけですわ。奈良県もそうでしょう、ねえ。

有馬　そうするとあれですか、共産党系の影響がつよい県ていうのは、どこどこですか。

田辺　やっぱりその当時は福佐連合会ね、佐賀ね。それで、佐賀と福岡県は農民組合を作らなかったから、福岡と佐賀県とで一つの連合会を作っておったね。福佐連合とかそういうあの、なんとかおるね、代議士で田原なんとか。

有馬　田原春次。

田辺　うん春次、あいつらなんか右翼でしょう。だからやはり、頑としてきかんからね。せやさかい、松本治一郎は、どちらかというと好意的でしたよ、ね。そやさかいもう、市川の会議でね、もう全農全国会議このまま続けることはね、農民組合また再分割せんならんからね、もう全農の中へもどろうと、もどって全農を強化していこうと、いう事になったわけですわ。

有馬　でそういう方針には、やっぱり共産党系は反対したわけですね。

田辺　うん反対もしましたけどね、せやけどそれがもう多数でしたね。大阪は第一もう、その動きははっきりしたでしょう。私らが代表してね。ほたら兵庫もそれについてきたでしょう。兵庫も共産党やけども、それではやっぱりあの、組織がもたんからですよ。弾圧はきびしいし、全国会議派に対してね。もうとにかくすぐ検挙する一歩手前やったからね、あそこは。せやからもう、全農復帰したら、共産党の線でやる者はやったらええやないかと。せやからもう全農復帰して、ほで、ほな復帰の可能性あんのかと、あると、解体を宣言して、それで全農の大会にのぞもうということで、ほで会議に、わたし全農の大会にのぞんだわけですわ。でそこで代表演説やって、ほで満場一致でもう即日奈良県と大阪府だけは復帰承認さしたわけですわ。それで中央常任委員にわしになって、それから、弾圧きたんだね。

有馬　長尾さんなんていうのは、政治的には共産党系の方なんですか。

田辺　共産党です、うん。だから可愛想でしたね。ちょっとむくわれんとね。共産党の人もあまり来てなんだですよ。葬式に。
有馬　ああ、そうですか。
田代　ええ、わし行ったんですけどね。
有馬　長尾さんなんか、戦後また、
田辺　もう死にました。
有馬　共産党へあれしたわけでしょう。
田辺　ええ、入って、それで診療所やってね。ほで結局、何ですわ、孤立してしもうたね。せやさかい今、長尾君の何を、どうしてやろうか、ああしてやろうかという、墓の事も、顕彰碑も建てようかていう話も出ないわ。
有馬　ああそうですか。だけどあれでしょう、やっぱり戦前の兵庫の農民運動だったら一番。
田辺　そらもう。
有馬　中心でしょう。
田辺　ええ。僕はよう兵庫県へ行ったもの。暴力団によう襲われたりしたですよ。あこは、そういうのが多かったからね。
有馬　こっちの農民運動はあれですか、そういう暴力団というか右翼というか、それは……。
田辺　ああ、こたえなかった。しかしもう、皆郡部でちょっとうるさかったからね。せやさかい、割方おとなしかったですよ。ブタ箱へ入って、バクチで入ってきて、ほいでドンと坐っとるでしょう。で、旦那、旦那て言うてますよね。僕らは、「看手」て呼ぶでしょう。ほでタバコもって入ったりね。するからびっくりしてしもうてね。それで、昼ブタ箱へ呼びに来るでしょう、特高が。それで、昼出たら晩まで帰って来やしまへんわ。あんたら、ブタ箱入って何してまんねん言うて。大方遊んでんやからあいつら。

ほでねえ、こちらは大親分らしいいうんで。せやさかい、ああいう連中はねえ、警察に弱いでしょう。で、警察をボロクソに言うたり、それで特別扱いにするというとね、どんな偉い大親分かと思うてね、大事にしよるんですよ。そんなやさかい、こっちではあんまりね、暴力団は僕らに危害をよう及ぼさなんだね。摂津の富田あたりはね、やっぱりようありましたけど。地主に頼まれてね。それも名をうったえてよう来んと、後からね、ボーンと撲って逃げたりね、そんな事はちょいちょいありましたけどね。兵庫県でも、あれやっぱり共産党をあまり表面に出しすぎたさかいに。せやなかったらもっと発展しておったでしょうね。

有馬　ああそうですか。

田辺　賀川豊彦やら杉山元治郎やら一緒にあの、西宮のね、あこで一緒におる時分ね、あの時分はよかったですけどね。それから、行政長蔵ね、これらのおる時にはね。河合栄蔵ね、河合さんも農民運動でまじめにやりましよ。

有馬　これあの、もうその頃は満州事変が起ったあとですわね。赤松五百麿なんていう人は。

田辺　あれはもう、満州事変の前に死にました。あの何の本にね、あの山花秀雄の〔『山花秀雄回顧録──激流に抗して六〇年』日本社会党中央本部機関紙局、一九七九年〕ね。あれはもう今眼が見えんようになってね、眼が見えんようになって。あの、この本に載ってますわ。写真はね。大阪へ来た時に、山花秀雄一緒に来たんですよ、これ。これ大山郁夫でしょう。西納楠太郎これ、山花秀雄これですね。一緒でね、ずっと大山さんについとって。

有馬　これは最近出た本ですか。

田辺　ええ、もう眼が見えんのでね。そういう回顧録でもこしらえたんでしょう。それで息子は代議士になってね。

田辺　ええ、来て下さい。

有馬　先生どうしましょう、まだだいぶうかがいたい事ありますので。お疲れでしょうから、もしよろしかったら、明日でもご都合よろしかったらもう一度うかがって。

有馬　はい、あんまり続けてだとお疲れになるでしょうから。

田辺　そうですねえ、もう滅多に一時間以上話したことないですよ。

有馬　もうそうですね、これで終りますと、一時間半になるんですわ。ちょっと長すぎますから、また、明日ご都合よろしいでしょうか。

田辺　あしたは何日ですか、一日ですか。ええ、結構ですわ。

有馬　よろしかったらそういうことで、また。

田辺納氏談話速記録　第二回

一九七九（昭和五十四）年九月一日　田辺氏宅にて　聞き手・有馬学

農民組合と政党

有馬　だいたい全農の再建のあたりまで昨日うかがったんですけども、その頃はどうなんですか。例えばその政党との関係で言いますと。社会大衆党のその農民組合に対する方針て言いますか。政策ですね。これはどういう事だったんでしょうか。

田辺　それはやっぱりあの、労農党の日労党、日本労農党ね、日労党の人達と、労農党のやっぱり正統的な行き方をする人達と一緒になって、社会大衆党を作ったんですね。

で、そういうふうに統一されてくると、農民運動も分裂してましたからね。で全国農民組合と全日農と二つあったわけですからね。それとまた統一戦線でけて、そして社会大衆党支持というふうに落ち着いたわけでしょう。それは最後は社会大衆党で、その間にはさっき話したように労農党、それから政治的自由獲得同盟、労農同盟と、それで終わってしもうてるからね。それで僕ら政治的には全農全国会議で活動しようちゅう事で、でそれは共産党のセクトがうんと強く入ってきたもんやから、もうこれでは非合法的な活動は出来ないと、やっぱりまあ、あくまで合法的な活動の場面がいろいろある。農民の利害を達成できないというので、全農全国会議を解消の方向に持っていくために、解消という敗北的にとらないで、解消しつつ全国農民組合に統一していかんという。それからずうっと続いて、社会大衆党まで行ったわけですね。

有馬　これは『社会運動人名辞典』なんですけどね、それによりますと、昭和十一（一九三六）年に先生は、大阪地方労農無産団体協議会というのを率いて社会大衆党に加入と書いてあります。そうすると昭和十一年までは政党関係の党員であるという事は、労農党以後はもうないわけですか。

田辺　そう、さっき言った労農同盟、いわゆる政治的自由獲得労農同盟ですか、あれに入っとった。

有馬　ずうっとなくて、それで昭和十一年に社会大衆党……。

田辺　そう、最後まであの大山郁夫さんと、そしてあの河上肇と一緒に。

有馬　ということは先生、この時のね、大阪地方労農無産団体協議会っていうのは、だいたい旧労農党系というふうに考えていいわけですね。

田辺　そうそう、そう考えてくださって結構ですわ。

有馬　ああ、なるほど。だいたいよそでもこの頃、旧労農党系の人達が社会大衆党に入ったわけですか。

田辺　皆入った。ほとんど社会大衆党に入ってでね。

有馬　それで、その昭和十一年になって社会大衆党に入るというのは、何か理由があったわけですか。

田辺　いや、別に理由はないです。もう、やっぱりあの、農民運動は特に政治的な要求なんか多いでしょう。

立入禁止とか、仮差押えとか、土地取上げとか、もう、最後は政治的な直接行動になるでしょう。だからやっぱり政党へ入っとく必要があるというので、もう遠慮しながら社会大衆党へ入ったわけですよ（笑い）。

有馬　ああ、遠慮しながらですか。だいたいそうすると、昔からの同志はだいたい皆さん。

田辺　うん皆入りました、一応ね。

有馬　しかしやっぱりこう、政党と組合というあれは、何ていいますか一線を画しているところはあったわけですか。

田辺　うん、なかったですね。もうやっぱり、農民組合の要求しているいろんな政治的な項目はみんなとりあげてね、やっぱりたたきつけるしね。

有馬　昭和十一年ていいますと相当もう情勢的には、悪くなっていたんですね。

田辺　そうそう、もうぼちぼちあの、皇国農民同盟とかね、あの吉田賢一さんのね、ああいうものの芽生えがもうぼちぼち見えてきておったわけですわ。それから枚方の市長しとった寺島宗一郎ね、ここらがもう社会大衆党、もうぼちぼち満州事変からだんだん進んでますからね。ぼちぼち皇国農民同盟つくろうかていうてね、また再分裂のきざしが見えておったんです。せやからなるべくあたりさわりなしに、まあ政党は政治的な要求はやってくれたらやってもらったらいいと。昭和十三年ですか、昭和十一、十二年だったたと思いますわ、皇国農民同盟ができたのは。

有馬　そういうのはやはりかなりの勢力になりますか。皇国農民同盟とか。

田辺　いやいや、それはもう北河内の一部でね。それから大きい分裂は大日本農民組合と日農と分裂したあとですね。杉山が大日本農民組合をひっさげて、でまあ皇国ちゅうような名前は使えへんけど大日農を作ろうという色が見えたわけですわ。それでその時にはじめて僕や新潟、青森みな、九州ね。同志が寄って日農をあくまで死守しようと、いう事で。

有馬　あの、杉山さんていうのは先生がご覧になってどういうタイプの方ですか。

田辺　そらもうやっぱりヒューマニズムのね、あのキリスト教の神父でしょう。まあ、神父としての職業的なことはつかなんだけどもやっぱりクリスチャンでね、で賀川豊彦と関係は非常に深いしね。であいう人やからね、まあ満洲事変が起きてやっぱりどんどん開拓移民が出ていくしね、こういう状態ではいかんと、せやさかいに大日本農民組合でやね、ささえていこうという事で。

有馬　ちょっとその頃の事で、昭和十二年の十二月と『社会運動人名辞典』には書いてあったんですが、全農の緊急中央常任委員会で、先生とか、伊藤実さんですか、それから山名正実なんかが社会大衆党支持決議に反対したっていう記事が載ってたんですがね、これはどういう事ですか。

田辺　まああの当時はね、やっぱり情勢は大分変ってきとるしね。せやからもう農民組合を我々はあくまで経済団体として農民組合守ろうと、そのために政治的なね、影響であのまた再分裂する事はね、避けるべきだと、いう事でね、それで反対したわけですよ、政党支持強要をね。

有馬　ああ強要を反対すると。

田辺　せやさかいに何も社会大衆党へ反対やなしに、政党支持強制をね、その拒んだわでですね。

有馬　なる程。これはその支持決議というのはどういう人達が出してきたわけですか。

田辺　やっぱりあの、旧日労党系の連中ですね。農民組合も全部支持せいと。あの時は確か近畿は支持しなかったはずですよ。近畿協議会の議長やってましたからね、私が。

有馬　ああ、先生がですか。なる程ね。
田辺　せやから、兵庫も奈良も皆一緒について、政党支持強制反対ですか。
有馬　はあ、支持強制反対ね。
田辺　で我々は農民組合の組織を守ろうと。
有馬　でやっぱり近畿が全体としてそれは。
田辺　そうそう、足並みそろえたわけです。
有馬　それでその翌年、ええと昭和十三年の二月ですか。
田辺　にその、何してるでしょう、分裂してるでしょう。
有馬　はあはあ。でこれは社会大衆党、除名になったんですか。
田辺　そうそう。まあ除名ちゅうような、僕らには遠慮して除名ちゅう名前ようつけなんだ。西納楠太郎とね、二人か三人除名しよったんです。
有馬　辞典では椿繁男、それから西尾さんですか、それと先生が除名されたとなっていますが。
田辺　椿君はあれは別に、労働組合関係でね、我々と連繋ね、しとった。
有馬　椿さんていうのは左派ですかやっぱり。
田辺　うん従来左派のね、評議会系統のね。あれと江田三郎と関係しとったです。
有馬　除名、この時十三年の二月ですね、除名になったというのは、これは具体的にはどういう事からですか。
田辺　やっぱり政党支持問題で言う事聞かんからね。もう除名せいちゅうわけでしょう。

有馬　結局ここで政党支持問題……。
田辺　そこから日本農民連盟とか分裂に行くわけですわ。
有馬　そうしますとね、この十二年の終わりから十三年のはじめにかけて、政党支持問題が出てくるっていうのは、これはあの人民戦線事件とやっぱり関係がありますか。
田辺　関係があるっていえば、まあ多数の者がね、人民戦線で弾圧されたでしょう。あれは人民戦線ではないんですよ。あれね、私とね堺の泉野利喜蔵とね二人がね、松本治一郎に頼まれてね、東京へ行ってね、そしてあの戦線統一をやろうと言うて努力したんですよ〔これは昭和十一年であり、田辺氏に時間的な混乱がある〕。
あれはね東京の確か、どっか会館、名前忘れたけどね、東京市縦とかね、それから都電の労働組合関係、ああいう連中と話合いしたわけだ。泉野と私とか行ってね。そしたらその時もうあかんと言うので、労農派強かったから、東京はね、それでもう統一はでけなんだですよ。
で、でけなんで僕ら引あげてくるのと、それから数日して日本無産党ちゅうグループあげたわけだ。あの、鈴木茂三郎、加藤勘十ね。その時、伊藤実も一緒に。でそれパカンといかれたですよ。こんど東京へ行ったら伊藤実に会いなさい。
有馬　はい。
田辺　あれもう詳しくね、記憶、僕らよりもっと記憶してると思いますわ。僕が弟みたいに可愛がった男で、伊藤実てあれ渋谷におりますわ。渋谷で、東京の連中に聞いたら教えてくれますわ。それで電話かけてお会いになったらよろしいわ。

昭和十三年の農民組合の分裂

有馬　そうするとあれですね、その今言われた戦線統一っていうのは要するに労農派と。
田辺　そうそう、社会大衆党というようなものはもうダラ幹視したわけですよ、実際はね。せやさかいもう政党なしで、我々はもう農民組合一本でいこうと、いうてやってる時にそういう問題起きて、それがだんだん表面化してきて、それで農民組合分裂にきたわけですよ。
有馬　その時に松本治一郎さんが相当動かれたわけですか。
田辺　いやあの人はもうね、それだけ努力してあかなんだらもうしゃあないやないかと。
有馬　あの今昭和十二年から十三年の事をうかがってたんですけど。
田辺　もう十二年の時は分裂してるでしょう。農民組合の方。
有馬　そうですね、ええと。
田辺　大日本農民組合と。日農で分裂して全日農で分裂して、で大日本農民組合と農民連盟に分れてますわ。
有馬　はあ、ええ十三年ですね。
田辺　十三年ですか。
有馬　はい。
田辺　で十二年までね、もちこたえられたわけですわ。もうその時はもう社会大衆党からも離れて、僕ら除名されてるから、ぼちぼち画策しだしたわけですわ。

有馬　そうすると、その除名のときは結局あれですか、社会大衆党の方から見たら、左派を閉め出して。

田辺　そうそう。

有馬　という事になりますか。

田辺　左派ていうんか、まあそうですね。

有馬　排除してしめつけると。

田辺　左派系統をもう全部なにして、でしめつけようとしたわけやけども、全国的に動揺してきたわけだ。まず私が新潟と、その当時の手紙なんかありますわね。

有馬　ああそうですか。

田辺　杉山君から来た手紙にもね、もうとにかく慰留してくれと、まあ留まってね、こういう事態やから留まってくれと、いう手紙来てますわ。

その時もう既に私は河内から杉山さんの影響下から全部集めてね、それで説明して、もうもしそういう場合には分裂すると、いう事でもう肚決めてね。それで、その時はもう皇国農民同盟出来てるでしょう。もう労働組合も右翼労働組合も出来てきてるしね。どんどんそれは農民へ影響してきますわ。でそれをささえる方法あれへんねんもんね。というて従来の観念的な農民運動ではもう駄目だと。

だからその時代に即応した農民組合へ転進しとかなんだらね、あと大きな被害を受けるていう事でまあ意志統一して、で僕は新潟へ飛んだわけですわ。ほで新潟と僕と、それから兵庫、まあ埼玉、それから茨城ね、それから福島、ずうっと手分けして、で日本農民連盟で行く事になったわけですわね。

有馬　という事はその場合は、先生の場合は大阪固めて。
田辺　もう大阪はとにかく固めて、それで新潟と。
有馬　そうしますとあれですね、先生なんかが中心になって呼びかけてという格好でできていったと。
田辺　そうそう、それで農民連盟が出来たと。
有馬　そうしますと、最初はその根廻しといいますか、意志一致みたいな一番最初はですね、それは先生とどなたなんかですか。
田辺　稲村隆一、長尾有、それからまあ西尾治郎平ね、ここらはまあ書記局やったから。まあせやけど書記局を動かさないかんから、まあ書記局で西尾治郎平、荻田甚ね、そういう連中。加藤充なんて、弁護士のね共産党の、あこなんかね。まあそれでやろうと。そして長野県の新しく小山亮ね、これがその時確か代議士やっておったと思いますよ。小山亮、長野県もやっぱり大分動揺しましたんでね。
有馬　淡谷さんなんかは後からですか。
田辺　そう、あれは僕ら農民連盟つくってからのちに、大日農ではあきたらんということでね。せやから左翼の連中は、旧全会派の連中はほとんど出ました。
有馬　そういう事ですね。
田辺　ええ。それは大きかったですからね。
有馬　やっぱりその場合農民組合で、特にそういう動きが目立ったっていうのは、何か理由があったわけでしょうかね。
田辺　まあやっぱり戦争中の情勢判断ですね。どうせ弾圧来るんやったらね、農民組合に来ると。もう労働組合もうどんどんどんどんどんどん分解やっとったですからね。
それでもうその当時産業報国会という芽生えが出てくるし、農業報国会というようなものも、帝国農会中心にそういう芽生えしてきたからね。まあそんなとこへ吸収されたらかなわんと。だから先手をうて、機先を制して先手をうてというので我々が画策したわけですよ。その時はまだ農民連盟つくるとかなんとかいう名前なしにですよ。別な農民組合の方向を、片方はどんどん右翼化しいくしね。で一応大衆党除名されてるから、我々はフリーですわね。

有馬　その場合に、日本農民連盟が出来ていく時にですね、先生なんかのその農民組合の左派の系統の人と、それからあの必ずしもそうじゃないグループっていうのが一緒になりますね。むしろ右派的な部分と一緒になりますね。そういう方面との連絡というのは主にどういう人がなさったんですか。

田辺　それはやっぱり自動的に各県でね、県単位で皆入ってきてますわね。あのあれは、死んだけど竹尾か、竹尾なんていうあれは、二・二六事件に一寸ひっかかりがあってね、五・一五事件か、あの例の橘孝三郎の。あれなんかもね、我々に誘いがありましたよ。それは行かなんだわけだ。二・二六事件に大衆運動をする人おらんでしょう。それアッピールする人おらんからね、農民組合なんか、農村のとこへ誘いがあったんです。まあ僕ら、竹尾弌《はじめ》はロシア通でね、ロシアにおってそれで帰ってきて右翼に転換して、もう早うから論文書いてました。ロシア通であのいろんな無産階級方向転換のあの何の先になってね、どんどん書いた男ですよ。

有馬　はじめは労農党ですね。

田辺　ええ、竹尾弌ちゅうてね、それなんかあんた、一番はじめに転向した。

有馬　竹尾さんが連絡して来たというのは二・二六の時ですか。

田辺　そうそう、二・二六事件にね、大衆運動のアピールするのにね、我々を目ざしてきたわけですわ。昔から知ってるですからね。労農党時代の同志やから。とにかく僕ら労農党時代、横浜で労農党の有志がおって、事務所でやる時、藤森成吉というあの文芸家おるでしょう。

有馬　はい、いますね。

田辺　文学者、あの人があんた、謄写版刷りやっとった。で僕ら決まったやつをおいこれ刷れ、あれ刷れちゅうてね、そんな時代ですからね。そんな時代、労農党の初期のそんな時代、あの人らもよう知っとったから。だから竹尾なんかも一番先に来てね、で、お前それやるんか、やるんやったら遠慮しないでやれと。まだまだそこまで革命は熟してないと。せやけどまあ、軍事クーデターですね、その計画、僕ら早う知っとった。

有馬　はあ、そうですか。

田辺　それであの、日比谷でね、大衆に呼びかけてくれと。まあ軍人はそういう暴力的な革命はね、行動は出来ているけどアピールは出来ないからね、そのアピールをやるため、新潟の稲村、それから大阪で君、出てくれちゅうてね、竹尾からすすめられてね。で僕は竹尾にそれはもう止めとくと。俺はそういうものには加担せんと。そういう時期やない、そういう時代やないからね。で五・一五事件ですが、あの犬養やなんか皆殺された時のね。

有馬　ああ、五・一五の時ですね。

田辺　うん、やっぱり呼びかけありましたですよ。

有馬　竹尾さんていうのはそういう関係とは、右翼の連中とは関係があったんですか。

田辺　うん、左翼の連中かてそういう連中と結びついて、皆共産党の連中がね、もうあの転向した連中から影響受けた連中たくさんおるでしょう。そんな連中はそれ行こうとしとったですね。だけどやはり農民運動やり実践運動やった連中はね、頑としてそれにまああ、あのいわゆる首をふらなんだね。僕はあれで多少、日本の二・二六事件はね、まあいわゆるほんまの軍事クーデターで、あれに大衆が起ち上っとったら、まだまだ大きな犠牲はらってましたわね。

まああんたらみたいな笑うかもしれへんけどね、小児病的な左翼派ちゅうのはね、革命の機が熟したちゅうたらワッとのってくるしね、そういう人はまた右翼にパッと飛びついてね、革命、革命やからね、革命いうたら何でも革命やと、それを誘導したらええと、理論的にね、やっぱり理屈つけてね、説明にきよるですよ。

せやさかいあんた、東方会入るときも、なになんかも、政党であくまでも軍人内閣にね、批判勢力で政党つくるていうたらあんた、共産党の加藤充やらみんな、長尾有やらみんな入ったんですよ。僕らは良心的な左翼だ、な。そんな勇気ないわ、共産党みたいな勇気は。ね、あったかて入れてくれへんもん、僕らやっぱりもう決められてしもうてあるから。あのちょうどやはりその時も、戦争中に一緒になった男なんですけど、元警保局のね次長ぐらいにはいっとった男ですよ、三田村武夫ちゅうて。

有馬　三田村武夫、はい。

田辺　あれが僕に言うたもん。田辺君きみの調査はね、共産党の方でも秘密文書なにしたかて、君はやね、あくまで大衆運動のリーダーやと。で彼のアッピールはね、実にその大衆を動かす奇妙ななにをもってると、なんちゅうか策をね。だから彼は絶対共産党へ入れてはいかんと。せやからお前らなんぼしたかて共産党へ入れてくれへんと、ちゃんとそういう共産党の資料が入ってんやと。

稲村やとかね、稲村もおっちょこちょいやとかね、なんとか書いてね、これも入れてくれなんだと、いうてね。せやさかいその、弾圧はしたけども、共産党で僕らに捏造したかて結びつきできへんわね。

せやさかいに堺の〔不明瞭〕なんか可哀そうにね、これらもうやっぱり共産党ではないのに、共産党に結びつけて二年も三年もぶち込まれたよね。ワシと一緒に、バカが首つりかけてね、僕怒ったことあるんや。でね、こう言うた。おい田辺のオヤジよ、お前の弟子はネクタイほどいて首つりかけたんじゃちゅうてね。せやさかい留置場の前へ行ってね、情ない事してくれるなと、そんな首つるちゅうような真似、真似でも許さんというて。もう早う出たいためにね。そう言うてやったことあるんですよ。ワシ留置場で怒ったことあるんですよ。せやけどもう死んだからね、そんな人にね、モノあんまり言わんどくけど。

そらみんな拷問はきつかったからね。僕らでも二十歳代の時には、こんなな大きな火鉢あるでしょう、それ火鉢にこうグワッとくくられてね、ほで火鉢の上にこうまたがって、刑事が竹刀でなぐるんですからね。それ歌うたらね、もうあかんですよ。歌わんとね。で頭の毛のばしてるでしょう。ほでもう柄の悪い留置場やったらね、まあ大阪では今宮、今の西成署ですけど、戒ね、この二つが警察では一番柄悪かったですよ。そらもう看取と喧嘩したらあんた、頭の毛持って引きずるんですよ。廊下をね、あの留置場の。ほいでもう卒倒したらバケツで水かけてバァッと逃げよるんですよ。死んだら知らんうちに死んだと。ほいで水かけて逃げたりね。そんな目にあわされた者たくさんあったもん。

僕らでもある程度そんな目にもおうたけどね。せやけどもう歌わなんだらね、こんだ二回目行くでしょう、大事にしよるですよ。せやからそういう弾圧ね、みんな喰ろうてますわね。せやから私はもうよう知っとるからね、まあ百姓には一揆的な気分は、あの労働者以上にありますからね、そらもうものすごいですよ。せやからよほど慎重に大衆運動やりましたからね。せやから私、ブタ箱入れたちゅうような人は絶対にないですよ。

これは選挙違反でね、西村栄一の選挙違反で引っぱられた者はたくさんありますけど、それでも皆さわぎますわ。私は小作争議で私と一緒に連れて入ったちゅうのはあの、河内松原の三宅村の、松原市の市長した森井ちゅう男ね、これら若い時分に少年部へ入ってね、ほでバーッと演説やってほで引っぱられて、ワシブタ箱入ってきたさかいと。そうか、看取に言うて、こんだ保護室へ入れたれというてね、保護室へ入れてやったりしてね。それがやっぱり市長になった時にね、先生に教えられた根性が今日までモノ言うてね、市長になりましたと。これ府会議員やめて市長になったんや。もう市長みたいなんやめなはれと。もう市会議員はねえ、こう飲みに行ったら飲み代払えと電話かけたり、もう電話もとらんとね、ほでもうもとの府会議員のほうが楽やと、先生、先生言われてね、気楽やと。もう市長やってえらい。

おうそうか、その時に検束されて入ってきて、俺、署長に言うてやな、保護室へ入れたのお前やったんかちゅうてね、そんな話も出ますわね。

せやさかいね、ちょうど大正十一《(ママ)》年から十二年ちゅうのはもう、最も危険な時でしたよ。あの時みんながその気でね、戦争反対、戦争反対ちゅうのろしをあげればね、みな相当あの、満州事変もね、まあああいう外交手段とらなんだと思いますけどね。ちょうど和平申し込みに来た時やからね。もう満州国独立は認めると、で南方の資源は認めると、いうような条件が出たやつをやっぱり軍部内閣がポーンとけったでしょう。やっぱり一回和解があったんですよ。それを振り切ってやね、もう大東亜戦争へ突入してしまったでしょう。

あれなかったらこんなね、敗戦はしてないわ。しかしまあ敗戦して良かったかもしれんと、僕に言わせればね。

共産党との関係

そこでやね、僕は不甲斐ないのは共産党ね、僕は共産党あくまでね、僕は朝鮮見いちゅうた。今の朝鮮共産党ちゅうのは地下へもぐってますよ。ほで共産党入るちゅうのはよほどのエリートやなかったら入れないですからね。であとはいわゆる労働者同盟とかいうひとつのあの、政党的な形態でやね、大衆をなびかしてるんでしょう。指導してるんでしょう。ほで共産党やっぱり地下へもぐってますわな。朝鮮、あんた、共産国家ですよ、それでも共産党ちゅう党なりね、政府形態では出て来てへんわ、表へね。それで、日本で共産党や共産党やちゅうてね、ほであの終戦当時のああいう革命行動やね、ゲリラ活動せんどやらしといてね、それやっている人は犠牲者は、もう今はあんた、国際派みたいに、そうして除名されたりね。

有馬　やっぱり農民運動やっておられて、その労働者以上に一揆的なところというのはありますか。

田辺　ありますよ。そやから僕は今でも意志は変らんですよ、やっぱり共産主義的なね。やっぱりこんな制度はね、もう制度変えない限りは、道徳的な秩序も回復しないし、もうこの制度を変えない限りこれは日本の国ちゅうのはね、だんだんだんだんだんだん崩壊していきますよ。

そすと何かちゅうたらやっぱり共産社会ですよ、次の社会はね。だから社会主義といったってね、そんなもの資本主義と変らん。社会主義へ変っただけであって、本当の制度ちゅうのはやっぱり、共産主義国家にならない限りはね、社会秩序も道徳も道義も何もかも回復しないですよこれ。

せやさかい僕は共産党はね、地下へもぐってね、それで社会党とか民社党みたいなあんな党の中でもかめへんから入ってね、そしてフラク活動でやね、こっちへ引っぱり込んでね。外郭団体、共産党の外郭ですわ、そういう大衆組織をね、やっぱり共産党は持たないかんですよ。今もう共産党いうたら皆もう共産党員でしょう。しまいにはこうゴルフしたりやね、それでオヤジから金しぼって、それであんた選挙やったり、もう選挙〔録音不明〕企業の中に共産党おるから。

僕はもう、せやから思想的には、僕らはやられてきたんやから、議会主義者や、社会民主主義者や言うてね、たたかれてきたんでしょう。根ではそういうイデオロギー持っとってもね、行動自体がそういう大衆組織におるんやから、やっぱり国家を否定しながらもやね、一応合法的な手段で政治闘争もやるし。

せやけど共産党のテーゼはいつも我々はふところへ入れてね、着物の中へ、服の中へ縫い込んで、ほいですっと出して読んだりして、でもう唯一のまあ守り神のように思うてやっとったですがね。それが今共産党が表へ出て来たでしょう、もうそれで議会民主主義で、でその公明党と手組んでみたり。せやさかい僕はもう共産党腐ってるということで、共産党信頼しないわけですわ、今ね。

有馬　そうすると戦前は先生なんかは共産党というものに対してそういう。

田辺　そらもう。

有馬　おもちでしたか。

田辺　全部理解して、せやさかいもう、昨日話ししたでしょう、今までゴールデン・バットのんでたやつがね、あのエアーシップのんだり、それから外国のタバコ買うてきてのんだりね、あ、これはもう共産党入りよったと、もうこれは最後やからありたけのぜいたくしよるんやなと思うてね。それをしゃべったやつはスパイやスパイやちゅうて大分、死ぬまでいじめられていましたわ。だからその、あんた持っとった新聞に西納楠太郎というのあるでしょう。

有馬　はいはい。

田辺　あれがスパイやちゅうてね。

有馬　ああ、西納さんそう言われたことあるんですか。

田辺　そういうふうに言われて、で一時ね疑われた事ありますよ。

有馬　それは何か理由があったんですか。

田辺　うんそれ特高に。

有馬　ああ、しゃべったと。

田辺　あいつ生活が一変しよったと。こいつは三・一五にひっかけられて四・一六に連れて行かれて、今生きてますけどね。年に一回会うようにしておるんですけどね。

有馬　はあ、西納さんそういうふうに言われた事あるんですか。

田辺　あるんですよ一回。真面目にやった男ですけどね。せやけど、町田と青木とその西納ちゅうのは三羽烏でね、一番悪どかったんですわ。金でもまあ入ったら余計取って、皆に少ししかやらんとか、面倒見なんだちゅうわけですよ。自分は身につけてね、それで女房連れて旅行したりね。

　で僕らはもうほんまに労働者的な性格で、もう一所懸命やったですからね。せやさかい、大きな争議が起きたら皆逃げてもうてね、もう僕一人がダーッと乗り込んで行ってね、その中へ飛び込んで行くと。せやさかい私の事を批判する人があったら、あいつは一番勇敢やったと、もうあの大阪の熊といったらもう田辺納というて、色が黒かったからね、大阪の熊さん熊さんて言われた。それで検束されたら一番先にね、入るでしょう。

この間河上さんのあの、百年祭やるのにね、あれがあったら書いてきてくれちゅうから、河上先生は、私は一介の文筆労働者であると、いうて演説やって弁士中止と喰ろうた事があった。それに何が中止やと言うて演壇にかけ上っていってね、それで富吉栄二と私と〔不明瞭〕と三人検束されて、その時一番さきに検束は僕ですわ。あれ日比谷の公会堂やったかな。演壇へかけ上っていってね、それで警官と乱闘して、ほで五カ月程か、放り込まれました。あれ本所の、せや本所の公会堂でね。

せやさかいに、もう私の事は皆そう言いますわ。せやからいまだに私にはその気持あるから、せやから、戦後何かの時に宮本顕治が祝辞述べに来たんですよ。そしたら宮本顕治が立つなり、大阪は田辺君がいてるから、野次はタダやで何ぼでも野次ってくれというてね、こわごわ演説やったことあるんですよ大阪でね。

共産党ていうのは合法的にやるべきではないですよ、やっぱり社会党とかね、あらゆる政党に影響力もってね、それへフラクを送り込んでね、でどんどんどんやっていけば、力ですよこれ。それを社会党と共同戦線とかなんとかかんとか言うから、だんだん社会党はね、両方から攻められて小さくなっていく。

有馬　そうするとあれですか、戦前の先生なんかの立場っていうのは、自分は共産党員じゃないけれども。

田辺　そう、もうそういう気持があるから。

有馬　共産党の勢力が拡大していく方向というのは、やはり望んでいた。

田辺　そら、土地を国有化するちゅうような人はそれはね、終始一貫あんた、ＣＩＣへ引っぱっれてもそない言うてんもん僕はね。今に見てみいと、あんたら農民解放したと思うとるが逆やと、言うて。

せやけどなんぼ言うたかてそれは分らへんわね。むこうは資本出してもうけ取りますわね、日本地主は資本出さんとやね、土地を貸すだけであんな御殿みたいな家に暮らしてるやないかと、だからもぎとったら日本の農民が解放されるやないかとこう思うとったわけですわ。

今皆あんた百姓は、この辺の百姓は貧乏になってきてますやろ。せやからおたくのお父さん、奥さんのお父さんが居てはる藤井町のあたりでも皆土地売ってね、もうだんだんだんだん土地がなくなってくる。商売しても商売ようもうけへんし、しまいにはあんた、もとの百姓しようにももう土地あれへん。もう小作したりね、せんならんでしょう。

だからやっぱり資金を潤沢にして農業経営ちゅうものをね、やっぱり。国有にすればあんた、米とれなんだら税金納める必要ないんだから。せやから営農資金さえ潤沢にあればどんな事でも出来ますから。せやからそういう思想は、今でも私、そう思うてますよ。

せやから共産党は、もう地下へもぐってね、そして優秀なやつをね、黙って共産党へ入れてね。今やったら共産党は合法政党としてあるんやから、地下へもぐるちゅうのは、ただ共産党の看板あげて、そしてまあ地域的な指導者をね、その中からピックアップして、そしてこうして大衆にやれというね、それでこそ共産党でしょう。せやさかいにあんた、学生で共産党運動するんやったら、ほんまに運動するんやったら政党に属さないで、共産党なら党員として、もうあらゆる組織の中へ入っていってね、世話役活動やって、そしてまあ自分が手あげてすれば千人の人がね、それについてくると。

やっぱり精神的影響力ですよ。たとえば、僕はね、いつも言うんだ、あのレーニンなんか言うてる、マルクスでもそうですわ、あの理論をね、大衆は知らんですよ。だけどあの理論を把握している人間が、精神的な影響力で大衆を引っぱっていって革命がでけたんでしょう。ソビエットでも農夫はあんた白パン食わしたらあかんちゅう、黒パンの方がうまいちゅうて、シベリアあたりの大陸でいてる人はほとんど黒パンやそうだ、今でも。今、白パンやったら食わんちゅうんですよ、そんなもんですよ。だからね、僕はああいう何にも勉強も、学校も行ったこともない、字も知らない、理論、むつかしい共産党の理論知らない人でもね、そのソビエットのロシア革命でけたちゅう事は、やっぱりレーニンの精神の、精神的な影響力でね、皆大衆はもう、なんちゅうんか信仰的にやね、その精神的影響力についていく、ワーッと起ち上ったんでしょう。

日本でもそうですよ。やっぱり立派な生活して、それで立派な行動しとったらね、その人の影響力でね、いざっていう時に千人でも動員出来ますわ。それが日本で今あれしまへんがな。もう労働組合は労働組合で堕落してしもうたし。せやさかい僕らほんまにね、こういう話するの、うっぷん話になるけどね、ほんと言うたらそういう歴史を調べる場合には、そういう上に立って、その人その人に調べてもろうたらええと思うんだ。

有馬　あれですね、そうすると共産党関係のテーゼですとか文献の類読まれてたわけですか、やっぱり。

田辺　ずっと秘密に送ってくるでしょう。そやさかい事務所の屋根の瓦の下へかくしてね、それで晩に刑事が飛び込んでこないと思うたら出して、それでそのテーゼが、うすいね、顔うつるような、もう向こう見えるような薄いええ紙ですよ、それへあの克明にずうっと、きれいな字でね、テーゼを送ってくるわけですよ。それでまあ、誰と誰へ渡せちゅう指令があるでしょう。せやさかい、いつもとどけていって。それで今日雨やと思うたら、事務所の窓から瓦の間へさし込んで、天井まで調べるでしょう、せやさかい瓦の上にね、そんなとこへかくした事ありますよ。

有馬　そういうのは、どういうルートで来るんですか。

田辺　やっぱり共産党の文書活動の中で。

有馬　先生のところへという、直接来るんですか。

田辺　そらもう私へと、農民組合の田辺委員長に渡してくれという命令で来るんでしょうね。

有馬　そういう文書活動というのはつまり、あの共産党の場合には先生みたいに党員以外でも。

田辺　うん、くれるよ。

有馬　組合の左派にはあれするわけですか。

田辺　そうそう、中へおるわけ、党員が。僕ら知っとるけど知らん顔してね、そして党入ったら分りますわ。よう働くしね、よう動くしね、それで何言うても口答えしないわ。これはこうやという理屈言わない。そのテーゼがはずれておればね、しかし僕ら言うことはもう、そのテーゼと同じような事言うておるからね。せやからもう何にも。

せやけど委員長こうやでとかね、そらそうやお前の言う通りやと。せやさかいわりかた大衆運動しやすかったですよ。せやけどその方向づける場合にね、意見出しよれば、そらそうやお前の言う通りやと。あの、書記局やから、そらそういうふうに書けと。しかし共産党的な事をね、表へあらわしたら弾圧されるから、弾圧されて組織つぶされるから、それだけは心へ入れとけと言うてね、分りましたと。

有馬　たとえばそうすると、あれですか、三二年テーゼなら三二年テーゼというのは、そういう格好で来るわけですか。

田辺　そうそう。

有馬　それ読んでおられるわけですか。

田辺　ええ、読んでおりますよ。せやさかい、ソビエット的なね、農民委員会とかね、それで、ちょっと待ったと、僕らは革命はまだ来ないと思うと、しかし農民委員会活動をやったという事で弾圧されてきたでしょう、全農全国会議をつくってね、そこまで良かったの、そこから農民委員会にもう解消していけと、組織を解消していけと。〔録音不明瞭〕そこまでは言う事聞けへんわね、共産党の。

有馬　そうすると、全国会議が出来て、全体に方向が左派的になると、これはかなりその、共産党のあれが浸透したと。

田辺　そうそう、そらもう。

有馬　いうことの結果としてそうなっていくわけですね。

田辺　そこまでは共産党は認めて、全国会議へ入ってね、合法的な組織でやっていくと。それをだんだんもっと左翼化していく段階で、農民委員会とかいうような声が出てきたわけです。それでもうこれはかなわんと、ねえ。それでもう右翼のこれがだんだん、満州事変以来ね。

有馬　そこのところの共産党の判断というのはもう、革命前夜という……。

田辺　そうそう。

有馬　そういう判断をしてたわけですね。

田辺　そういう、間違った判断あったんですな。だからまあ佐野学らが検挙されてから、転向したんでしょう。転向の理由かて、北朝と南朝のね、北朝が百年間続いたと、百八十年からね、北朝の政治。それでも天皇ちゅうのは、北朝の名前もってる天皇制ちゅうのはね、つぶさなんだと、いうような事理屈つけてやね、それで転向していったんでしょう。南朝は無視したけども北朝という天皇〔テープ交換〕いま古い連中はみな、伊東光次君でも皆個性は持ってるわ。せやからいまだに付き合うてます、私はね。せやけどまあ残念やのは、いわゆるまあ、今の共産党のやり方に対して憤慨に耐えんと、いうね、気持はありますわね。

社会大衆党と日本農民連盟

有馬　またちょっと話は、さっきうかがっていた昭和十三年頃に戻りますけども、そうするとその社会大衆党から離脱した時には、すぐ日本農民連盟になるわけじゃないんですね。

田辺　そうそう。

有馬　少し間ありますね。

田辺　そらもうやっぱり、あの日農でいろいろやっとったからね。せやけどもう大日本農民組合を組織するためにね、あの動いてきたわけでしょう。それで私まだ手紙を、あの中沢弁次郎ちゅうてね、中部日本農民組合の。

有馬　はいはい。

田辺　あれから手紙来てますよ、一緒にやろうちゅうね。

有馬　そんな手紙、今でもお持ちですか。
田辺　ああ持ってます。ちゃんとなおしてね、それで社会資料館でけたらね、その当時ずうっと、手紙をずうっと表装して、せやから額をそこへ二十枚ほど入ってますよ、あっちの押入れへなおしてあるんですけどね、もう百枚ほど額買うてあるんですわ。それで表装してね、ちゃんとあれして。
有馬　この当時のものがあるわけですね、その中に。
田辺　はい、だから杉山さんが僕を慰留してね、まあ今ね、こういう非常事態やからどうやこうやていう手紙やとか、そんなんみな置いてあります。稲村隆一の手紙も大分ありますよ。
有馬　ああ、そうですか。
田辺　あいつはもうやろうちゅうてね、まあやろうちゅうのはね、〔不明〕ですよ。
有馬　前にあの、ほかの事でちょっと調べた時に出てきた名前なんですがね、千葉にあの大森真一郎っていう人。
田辺　うんおったおった。
有馬　ご存知ですか。
田辺　うん知ってる知ってる。
有馬　この人はどうなんですか、日本農民連盟に来た人なんですか。
田辺　うーん来たんかな、記憶ないですな。あれおとなしい男でね、それで日中友好協会の仕事してるでしょう。
有馬　ああ、そうですか。

田辺　今でも生きとるはずですよ。
有馬　まだ御健在ですか。
田辺　黒田……〔不明〕
有馬　それでこの。
田辺　それから実川清之ちゅうてね、千葉の農民組合の。
有馬　実川、はあ。
田辺　実川、これも全会派で、ほで終戦後に代議士になって、村長もやってね、で代議士も、一期か二期やってやめました。これも死んだんかな、まだ生きとるはずですよ、僕らより若いからね。
有馬　これも『社会運動人名辞典』なんですがね、社会大衆党の岸和田支部を解体した時に、「二月十一日会というのをつくった」と書いてあったんですが、これは……。
田辺　そんなん作れへん。
有馬　そうですか。これ間違いですかね。
田辺　ええ、あれわしに聞いて書いたんとちがう、誰かに聞いたんやろこれは。不思議でしゃあないねん。そういうもんをね、送ってきてくれて、これへ書き入れてくれちゅうんならわかりますわね。何にもわしに、これ西尾治郎平から聞いたんや。
有馬　辞典が出来たっていうことをですか。
田辺　うん、田辺のおやじあれ見たかて。おれ知らんと。いやおやっさんの知らん事書いとるぞと。
有馬　ああそうですか。

田辺　そんなんやったら買うわちゅうて買うたんですよ。
有馬　はあ、それならこれ間違いですね。
田辺　うん、そんなんつくれへん。
有馬　でこのさっきの全農のあれで、山名さんはやっぱり日本農民連盟に来たわけですね、山名正実。
田辺　うん来た来た。
有馬　この人はどういう人ですか。
田辺　ああ、おとなしいね。
有馬　やっぱりその前は左派ですか。
田辺　この人はね、左派には好意的であったけれども、組織の中へ行ってこなんだですな。
有馬　ああそうですか。
田辺　山名まさつるでしょう。
有馬　山名正実。
田辺　山名正実かな、うん。あれはどこの系やったかな、本部の事務局におったしな。なにもおるはずやけどね、あれはええ、それもよう活動したんやけどね、口から出かけて出えへんわ。今東京でウロウロしてますわ、やっぱりあんまりええ生活してないけどね、理論家やったけど。
有馬　全体としてはどうですか、日本農民連盟っていのうは旧全農の相当……。
田辺　ああ、全会派の連中多いですよ。
有馬　やっぱり旧全会派の連中多いですね。かなり、全国的にみてかなりの部分が。

田辺　香川県なんか入らなんだもんね、前川直一なんかね。あれはもう右翼の方へ走ったからね。

有馬　誘ったけれども来なかったというところもあるわけですか。

田辺　ええ、やっぱりなには来たわね、死んだけれども、共産党の、ええ香川県の、香川の男で、まじめな男でね、えと何とか言いよったがな。そこらはよう来ていましたけどね。それからまあ兵庫県は全県あげてね。

有馬　ええ、まとまってそうですね。大阪もほとんど全部そうですか。

田辺　ええ全部でしたよ。それで杉山もう孤立してもうたんです。

有馬　そうですね、杉山さんだけ孤立する格好になりますね。

田辺　そうそう。農民同盟、あの皇国農民同盟、吉田賢一のとこへ出来たでしょう、一部北河内ね。あと中河内から南河内、岸和田、それから泉南、ええと大阪市内ね、ほとんどがもうあの農民連盟やったから、杉山さんもう、浮いてしもうたんや。

東方会への参加

有馬　それでその十三年頃ですけども、東方会に入られる時の事をちょっとうかがいたいんですけども、これはどういうきっかけてすか、先生。

田辺　それはやっぱり農民連盟がきっかけでね、東京へ行った時にね、中野正剛がね、いっぺん会いたいというので会うたんですよ。それで話を聞いたわけです。
有馬　それは誰か仲立ちがいたわけですか。
田辺　いやいやもう、直接でしたね。中野正剛の方から農民連盟の小山亮やらね木村武雄、あれらは代議士で議席もっとったから、いっぺん会えと、ほなら会おうというて、溜池の事務所で会ったわけですよ。その時に中野正剛はね、君達は、僕も逓信労働組合〔逓友同志会〕の委員長やった事あると、あの逓信労組が弾圧くらってね、それで逓信労組の委員長か何かになった事あるんですよ、あれね。それで僕らの話を聞いてね、そらそうだと、とにかく権門に屈するなかれだと、であくまで、農業報国会というてもこれは産報と一緒やと、政府の機関やと、だから戦争を批判する政治力もなければね、ブレーキもかけられんと。だからブレーキ役としてね、東方会を僕らつくったんだと、だから政党を支持するなら東方会を支持しろと、こう言うたんですよ。
　その時、稲村やら僕やら長尾やら、一緒に居て会うたわけですよ。それで満州の開拓ね、満州へどんどん引っぱって行くでしょう。それを監視をせないかんと、それであれは陸軍大臣、板垣大臣にね、大将に会うて、満州どうするんだと。百姓を送ってね、女房も付いて行かさんと、でまあ若い青年は孤独でね、定住さすのかささんのかどっちだと言うてね。そういうふうなことで意気投合したわけですわ。ずい分貧農が行きましたからね。もう押すな押すなの勢いであんた、満州へ放り出してもうたでしょう。だからそれをいっぺん視察させえと、専門的な農民連盟の代表者が行ってね、つぶさに見さして、それで満拓協会にね、嘱託にして、拓務省の嘱託で視察させるという事で、それで満州へ行ったわけですよ。
有馬　あの視察団は先生も行かれたわけですか。

田辺　ええ、行きました。
有馬　どういう印象をお持ちでした。
田辺　そらもう、人間がね、暮らせるような所と違うですよ。もう軍事訓練やっとるし、あのスイスの民兵みたいなもんですよ。もう家の中へ鉄砲、入口へちゃんと置いてね、それで百姓してますよ。だからそれはもう、ほんとうの百姓なら定住さして、でないと満州国民はね、やっぱり日本の武力に反感持つから。
それで満拓協会へ行ってね、それであの石原莞爾ちゅう有名な少将ね、当時少将でしたよ。これなんかにね、ちょっと談じ込んだわけだ。その時はそれは仲々勇敢なもんだ、仲々あんた、やつは軍人で威張っとったわけだから。満拓協会のあれは駒井徳三ね、これも総務長官かなにかでした。そんなのに会うて、とにかく現状の満州移民は失敗だと。だからやっぱり、年齢がきたらね女房持たして、そしてやっぱり生活の根拠をね、その土地へ置かなければね、満人はついてこないと。
あんなして軍事訓練やったりね、百姓やったりしてるでしょう。で軍事訓練で満人に不安を与えると、いうので討論やったわけだ。それではじめて満拓協会がね、花嫁学校作ったわけですよ。それの先がけですよ。で私は言う時にね、拓務大臣が大谷て、あの時、東本願寺の坊主の大谷がね、拓務大臣やってましたですけど、で板垣が陸軍大臣で、こちらの会へ応援してくれてね、で見送ってくれたわけだ。せやから、われわれを派遣しながら、大分批判が出たらしいですよ。逆効果や言うて。
まあ何のかんの頭下げると思うとったんでしょう。せやけどあんた、長尾有やらね、稲村やら、淡谷悠蔵やら僕やらね、そらあんた、理屈言うもんばっかりそろってるから、そら遠慮せえへんわ。それがかえって良かったんでしょう。それからどんどんどんどん大陸花嫁という事で日本から出しましたから。それから、あこの町で花嫁学校作って、それでどんどん見合さしてね。
有馬　先生ご覧になって中野正剛というのはどういう印象の人ですか。
田辺　それは出来た人ですよ、ええ。で社会大衆党とね、東方会と合併する問題起きたでしょう。その時、稲村と僕らがね、もう合併するんならね、脱退すると、東方会脱退するちゅうね、最後通牒を出したわけだ。その時は木村武雄も入ってましたよ。
有馬　反対の方に。
田辺　ええ、そんな事さしたらいかんちゅう。僕らがちょうど中支の方へ行ってる時でしたから。
有馬　それで、さっきの日本農民連盟の話の続きなんですけど、これはあれですか、日本農民連盟には入っているけど東方会には入っていないという人も、割と沢山いるわけですね。
田辺　うんおったおった。それはもう、岐阜県とかね、ああいうとこは入れへんわね。富山県な。けど富山県の指導者はほとんど皆入っとった。せやから、党費でとらんかわりにね、その人の影響力のある人は皆も う東方会て言うても。せやさかい中野正剛いうて演説会あっても、もうとにかく会場は入りきれんぐらい人が入ってね、それからあの、講習会なんかやったりね。そういうんなんか人人でね、人集まりました。東方会は党員ていうことをあまり言わなんだから。
有馬　そうでしょうね。今の政党の支部みたいに、誰と誰が党員ていう格好にはなっていない。
田辺　言わなくて、もうその人の影響力でね、影響下でだいたい何人何人て農民組合員の数でね、集積しておったけどね。
有馬　そうするとあれですね。たとえば東方会の政治スローガンの運動をやる時に、もとの農民組合単位で人が出てくるということはあるわけですね。
田辺　そうそう。だから百姓は楽やった。ほかの政党とちごうてね、だけどやっぱり東方会も政党解散の命令を受けたからね。せやから振東塾にしたわけですな。塾にね、で塾で細胞を動かしてね、農民組合を守ってきたですからね。終戦までね。農民組合の看板も協同組合の看板もあげへんけども横のつながりをずうっと維持して。
有馬　実質はやっぱり残ったわけですか。
田辺　そうそう。
有馬　さっきの社会大衆党の合同問題ですけど、ほかに表立って反対にまわった人というのはどういう人ですか。先生とか稲村さんとか、木村武雄……。
田辺　それは上海から電報で、中野正剛にそんな馬鹿な事止めいと。今さら社会大衆党とね、東方会が合併するなんて我々は絶対承服出来んからちゅうことで。
有馬　その反対の理由というのは主にどういうことですか。
田辺　もう結局同じやから。同じやったら僕ら社会大衆党出えへんから。
有馬　成程そういう事ですね。
田辺　で我々が除名せられて出て来た党にやね、また東方会でくっつくと、そんな曖昧な態度はとられへんと、だから反対だと。で当然不成立に終わったわけですね。
有馬　そうするとあれですか、社会大衆党から来た人っていうのはだいたい反対になるわけですか。
田辺　そうそう。ほとんど皆反対した。だからもう、中野正剛はよし分ったと言うて、物分りのええ男やからね、いや分った、ほなら止めると言うてやめたわけですよ。やめて良かったて言うとったもの。すぐあんた解散したもの。東方会は解散もしなければやね、厳命来るまで断じて解散せんちゅうて、あくまで戦争政治の批判勢力もってるちゅうて。

　せやさかい昭和十六〔十八〕年の時か、あの人がいよいよ最後のクーデターやってね、十二時間に日比谷公園に五万の大衆を動員すると、そしてのろしを上げるちゅうね、和平運動の。それでその倒閣運動ね、いよいよかかったわけだ。でその倒閣運動が、まあ不成功に終わったけども、その時に僕に電話で西尾末広にね、生産大臣、まあその時分は労働大臣て言えへんから、生産大臣を何しようと、で君から交渉してくれと。

有馬　それはその東条内閣を倒したあとの内閣と。

田辺　うん倒して。でその時は宇垣とね、もういっぺん近衛と出た人ですよ。

有馬　中野がですね。

田辺　ええ、その和平派のね。でその時に僕に電話でね、よっしゃ、ほなら交渉すると、で西尾にわし電話したんだ。で西尾は仲々用意周到でね、家でそんなことよう話さんから、中ノ島の公園のベンチでいっぺん話しようと言うて、僕は会いに行ったわけだ。

　それで彼に話したらね、西尾えらかったですよ、いや僕はもういっぺん除名されてもね、こんな状態では戦争は負けると、議会でもういっぺん除名されてもかまわん。僕は国会で叫んでみるから、中野正剛によろしゅう言うてくれと、でその、有難いと。

　でもう、何なんか、ほかは皆逃げてもうたでしょう、憲兵行て、もうちゃんと取りまいてね。それで倒閣運動おきてるちゅうの分ったんですよね。何も、近衛さんの家も取り巻いて、中へ入れなんだらしいですよ。

だから近衛も腹くくっとったでしょう。宇垣を首班にするか、近衛を首班にするかちゅうことでね、それで、僕はまあその交渉して。

それで僕らがやね、いわゆる官吏登用規定ちゅうのを変えないかんですわね。我々がその、関連でけへんわね、せやからその、天下とってからその法律改正されるまで、僕はその何か、壮年団、その頃訓練部ちゅうのあったですよ、訓練局長か、ああいう名前をつけて、一応役人やないけどそういう名称の、組織の中に入ってきて、それで官吏登用規定改正して、役人にしようというところまで決めたわけですよ。それで決めたやつを、まあスパイがおったのか、おらんかったのか、中野正剛が逮捕されたでしょう。それで僕はもうすぐ姿を、憲兵隊が知らせてくれてね、憲兵でもやっぱり良心的な憲兵もおってね、ひょっとしたらあんたつかまえに来るかもしれんから、どっか一週間も姿かくしたらどうやちゅうてね。で三日か四日かくれておったんやけどね、山之内ちゅう憲兵（ママ）がね、大阪へやって来てね、で僕を調べると。で警察が来たからね、よしおれは行ってやろうと。で行ったらちょうど山之内ちゅうて私を戦時刑法の出版物違反でね、告発した検事の、いや主任検事、もう主任になってんや、それの部屋で僕は取調を受けたわけですよ。そしたらやっぱり、倒閣運動やったちゅうことでね、はっきり検事が言いましたけどね。もう名前忘れへんわ、山之内ちゅう検事ですよ。それでもう、拘束すんのかと思うたらね、いや御苦労やった帰ってくれと言うてね。片一方はもうそのあくる日か、十月二十四日（六）か、切腹して死んだでしょう。

有馬　ということはあの中野正剛の反東条運動の時は、そうとう関係されてたわけですね、先生は。

田辺　そらもう、我々側近の者は皆そういう、壮年団の椅子を取り上げてしもうてね、性格変えてしまうと。でその当時ね、たしか三笠宮かね秩父宮か生きとった時代やから、どっちかが相当役割を果たしてるわけだ、あの時にね。せやさかい、いわゆる事、皇室に累を及ぼしたらいかんちゅうのでね、切腹したわけですよ、あれはね。

それでね、早稲田の大学にね、講演に行ったことあるんですよ。

有馬　早稲田へですか。

田辺　ええ、僕と中野正剛と。で僕にやれと。で、おれはここ首切られて、退学処分受けてやな、軍教反対で大山郁夫の用心棒で、喧嘩して放り出された男やからと、そらよけいええやないか、行けちゅうて行ったんですよ。その時なんか演説やってね、もしね、何せん場合は、腹ちゅうて、こうして切腹するんだと、切腹の仕方まで教えよったですよ。その通り切腹して死んどるんですよ。だからそういう点はやっぱり偉かったですな。累を及ぼさんちゅうて、あの人一人の犠牲で。

なにはブタ箱引っぱられてね三田村は、それで組閣名簿を口へ投げ込んだんですよ、それを吐き出さされて、吐き出さされというんですけどね、もう三田村、死んだからね、病気で死んだからなんですけど、あいつが口へ入れてのみ込んだと、それを吐き出さされて見たらね、もう名前ずうっと出とったんですよ。それでヒットラーとムッソリーニやとか、写真を全部あずけてね、降ろして、で楠公のね、宮城に楠公の銅像あるでしょう、あれの写真を後へおいて、その時憲兵が三人ぐらい張っとるんでしょう、家に入ってきてね。それにうめき声一つなにせんと、それで割腹してる。

葬式に僕ら行けなんだですよ、警察が行かさなかった。で大阪で、東方会の事務所新町にありましてね、そこで告別式やったんですよ私ら。そしたらあんた、来る人はあんた憲兵や警察ばっかしだ。行った人入れさしよらん。

有馬　そうすると、さっきちょっとその反東条運動の時に、何ですか大衆運動をやるっていう計画もあったわけですか、大衆動員して。

田辺　ええ、五万の人間を日比谷公会堂に集めるちゅう計画でね。そらもう中野正剛はやっぱり命がけでやったもんでしょうな。それがどうしても出来なかったわけですよ。ああいう、汽車に乗るかて切符買うかて証明もらわないかんし、まあそういう時こそね、大衆が動員するんやからね、僕ら喜んでね。

　あのクレーギー大使、あの時分のイギリスの大使クレーギーの奥さんとね、友達でね、愛馬クラブのね。その時に信書が来たわけですわ、英国皇帝から。その信書を中野正剛が聞いたわけですわ、クレーギーの奥さんから、内容をね。それがやっぱり和平のあれが充分あったわけですよ。満州事変以来のね、満州国独立を認めると、国際連合《ママ》でね。それからまあ南方の権益、それからまあ、中支、北支は別として、平和緩衝地帯作って、そして和平やろうという、その信書が、東条が抹殺してしもうたんやね。それをクレーギーの奥さんから聞いたわけや、もうこれは手の打ちどころやと、これ以上戦争したらえらい時代が来るからちゅうことで、それでまあ立ち上がったんだな。だから命がけですわね。

有馬　その西尾さんを大臣にするっていう案はどの辺から出てきたんでしょうかね。

田辺　だれを。

有馬　西尾末広を。

田辺　それは、西尾末広は除名されたでしょう。

有馬　やっぱりその辺で買ってたわけでしょうか。

田辺　そうそう、西尾末広ちゅう男をね。やっぱり芯のあるやつだということで。だから個人的に言うとね、けどね、やっぱり真剣でしたよ。そらやっぱりええとこあるんですよ。

財産こしらえたとか何とか言うけどね、僕は西尾ていう男はやっぱり労働者のためにはね、思想的には違う

せやから、たとえば、終戦後に西村栄一をね、あの公認してくれちゅうてね。最初にこの五区で僕を公認したわけですよ、一番最初に僕と、それから杉山と、田萬と、それからまあ西尾と、そんだけか。そしたら西村はあれ、わしを公認せいというて、あいつがね、さかんに運動して、金政米吉のとこ行って、金政に一かつ食わされて、で西尾のとこ行って、君は大本営の嘱託でやね、サーベル吊って歩いてたやないかと、君は戦犯じゃて言われたくらいや。せやけど僕は追放になったでしょう、もう出る者ないですから、もうしゃあない、西村に行ってもらったんですよ。せやから私の、若い叶凸《たかし》て、凸凹の凸て書くやつね、これも一緒に。これも早稲田出てね、稲岡進ちゅう運動家あるでしょう。あれの紹介でおれの所へ連れて来たんだ。で丸坊主でね、ハカマはいて来ましたよ。よしそなら今日から農民運動しろというて本部でね、本部でもいいと言うて、それでちょうど小作争議があったもんやから、そこへ連れて行って、それでしぼったわけですよ。それがあんた、もう出る者が無いから、連記やからね、ほならおまえ出いちゅうて出たら当選してしもうた。で、僕らもう追放で。せやけど私、なんですよ、加藤充ね、あれも追放にかけるちゅうてね、CICはたいがい私のところへ来ましたよ。幹事長やったやろちゅうて。で証拠がなかったわけです、みな焼いてしもうて。で幹事長やったか言うから、わし、やらんと、俺だけだと、俺は支部長独裁でやったんだと言うて。

有馬　その幹事長というのは東方会のですか。

田辺　東方会の。

有馬　実際はやったわけですか。

田辺　やっとったんですよ。そやけど僕らもう絶対そんなもんやった覚えないと、除名したくらいやと、東方会の言うこと聞かんから除名したくらいやからね、そらね、共産党があれ追放にかけよう思うて大分なにしたですよ。せやさかい、東方会で大阪支部長としてね、役員として引っかかったの私一人ですよ。皆、私助けたんですよ。せやさかい、荻田甚でも西尾治郎平でもね、みな引っかかろうとしてね。
有馬　ああ、引っかからなかったんですか。
田辺　ええかかれへん。僕一人ですわ。僕は一番まあ戦争の歴史の中でね、アメリカの追放の該当者として、たいていの団体は最低二、三人は引っかかった。それを僕一人ですましたわけですよ。それはもう進駐軍はどんどんせめたけどね、僕一人しかいない、内務省の、大阪府庁、市役所行って調べて来いと言うて結局一人ですました。
有馬　荻田甚さんという人は最初から。
田辺　やったですよ。
有馬　左派ですか最初から。
田辺　ええ、共産党員ですわ。
有馬　ああ、共産党員ですか。
田辺　除名されたんちがう。これはあんた袋下げて集金にまわって、テレビによう出てるわ。いっぺん何かに出たよ。あの家をね、工場を買うわけだ、買うて貸すわけだ、中小企業にね。それで自分は集金にずっとこうまわってるわけだ。それで株買うてもうけたりね。それで家、建売り住宅買うたりね、今それで山一証券か、何かいってね、あの布施の駅前でね、ビル持ってますよ。金持ちになっとるわ。西尾治郎平君はもう依然としてやっぱり文化活動を一所懸命、熱心にやってますよ。これもやっぱり党員ですわ。けど荻田甚はもう、共産党ボロクソに言うとるよ。

有馬　荻田さんも古いあれですか。

田辺　古いですよ。古い言うても、うちの書記局にね、入ってきてね。

有馬　戦前はずうっと先生とは同じですね、政治的には。

田辺　わしの後輩でね。せやけどあいつらの影響のある所は、農民組合の共産党で検挙されたやつはだいぶあるもの。ようやったですよ西尾にしたかてね。で西尾なんか演説はうまいしね。

有馬　ああそうですか。

田辺　で、あれえらいよ。僕らと付き合うと共産党に、まあ嫌味言われるんでしょう。言われても一所懸命にね、僕らのことやるしね。今度も本出すちゅうてね。もうオヤジの生きてる間に本一冊作ったるちゅうてね。いやもう俺死んだらしてくれと。もうそれだけはさしてくれと言うてね。まあ出来たら十二月一日に、もし来られたら、私の喜寿のね、祝賀会をやってくれるらしいんで、西尾君が一所懸命いろいろやってくれてますさかい、だから来てください、招待状出しますから。

有馬　十二月一日ですか。

田辺　招待状差し上げますから来て下さい。

有馬　あのさっきの反東条運動の検挙のときですね、兵庫がごっそりやられてますね。

田辺　兵庫はかわいそうにね、あれ間違うて共産党に結びつけたんですよ。で長いこと出してくれなんでね。まあ、あの君らがいわゆるその、結局犠牲になったわけやね。せやさかい、転向したってウソやと、いわゆる東方会に籍を置いてね、それでフラク関係やったんとちがうかというてね、古森とあれと二人か三人ね、弾圧をくうたですね。

有馬　実際はそんなことはないわけですか。

田辺　ええ、そんなことはない。せやさかいあの共産党も、独裁主義やからやっぱりいっぺんに終戦後にやね、スパッと共産党にきれいに入ったもんね。だから共産党は本当は、お前ら右翼の活動したんやからやめとけと言いそうなもんやけどね。せやけどもう紙一枚やからね、やっぱりパッと。

その時ぼくらは農民組合だけは今度はもう政党のね、わずらわしいことできゅうきゅうせんと、まず農民組合さきにつくろうと言うてあんた、約束したんでっせ。それにあんた二、三日したらもうめいめいに作ってる。しゃあないから私もあんた、阪南地方でやね、日本農民組合阪南地方連合会こしらえて、それで大阪で、十三かあの辺で出来てきたから、大阪府連合会にまた飛躍発展さして。で二つの農民組合になったんですからね。共産系の農民組合と。おんなじ農民組合でね、日本農民組合大阪府連合会、二つあるんですわ。それからのちに、政党のゴタゴタで、農民組合の政党支持問題でまたあの、いわゆる社会党の中に農民組合ね、建設同盟、新しいあの、右派的な組合と二つに分裂して、全日農と新農村建設同盟ね、ああいうのが出来ましたね。まあ日本人も指導的な人は、もっとやっぱり切磋琢磨された人たちが寄って、もうそういう禍根を二度とくり返さないように努力せないかんですな。まあこれからどないなるか分らへん。

東京時代

有馬　うかがいませんでしたけど、先生は学校は。
田辺　学校は行ってないですよあんまり。小学校卒業だけですよ。それから実業学校行ってね。
有馬　それは岸和田の実業学校ですか。
田辺　ええ。それ三年行くやつ二年でやめて、それで早稲田の専門部へ行って。
有馬　ああ、早稲田へ行かれたんですか。
田辺　うん、入ったことは入ったんやけど、じきあんたクビですわ。
有馬　クビっていうのは。
田辺　うん、いろんな思想運動で。
有馬　退学ですか。
田辺　退学処分ちゅうんかね。専門部やからあんた、何しよるんか、遊びに行ってたようなもんやね。
有馬　でもそれ、早稲田の専門部は何年頃ですか。いつの頃ですか。
田辺　私二十代や。
有馬　はい、大正の十年代位ですか。
田辺　大正六年頃か、六年か五年頃やろう。私十七から運動してるもの。大正四年五年が欧州戦争でしょう。

それすんで、で小学校卒業して、実業学校行きながらそういう文学運動やったでしょう。せやから十六、七からやってます。十八の時はじめて、朝日座ちゅう劇場あったんですよ。そこで西尾末広らと一緒に菜っ葉服着て労働演説やって、それで皆町の人びっくりさせたわけだ。

有馬　西尾さんとその頃からですか。

田辺　ええ、大矢省三や、みな一緒にね。

有馬　ああ、大矢省三さんと。

田辺　ええ、友愛会当時でね、そんな時分からもう演壇へパッと上っていってね。それで演説やって。で田辺ていえしませんわ、奥ちゅうてね。

有馬　はい、もとの姓ですね。

田辺　奥の息子はえらい事やったらしいなあちゅうてね。それからですからね。

有馬　早稲田はそのあとですか。

田辺　それから、親の圧迫あったでしょう。で、十円ほど金持って東京へ出たんですよ。で東京へ行ってね、で東京で落ち着いてね。で何しようと思ったんですよ、賀川豊彦のね、本所にセツルメントあったんですよ、震災後のね。そこへ寄宿して、それで加藤一夫ちゅう文学者の奥さんがね、おりましてね、その人が面倒見てくれて、でそこの子供のね遊び相手になって、で学校へ通ったんです。

それで、そないしてるうちにあの、有島武郎、が自殺した遺産でね、社会運動家に対するね、あの学習会ね、それの募集があってね、それで僕は推薦されて、それで協調会でちょっと勉強したわけですよ。あの時はあの、大内兵衛ね、櫛田民蔵、それから和泉の出身やけど、あれは農政学で何とかいう人、有名なええ、そういう人やら、それから吉野作造、それから長谷川如是閑、ああいう人の講義をずうっと聞いて。その連中がほとんど共産党へ行きました。その講習受けたグループが。せやさかい、そこで左翼精神大分たたき込まれたんでしょうね。それは吉野作造あたりの講演は聞けなんだもん、批判しました僕らは。

有馬　はあ、そうですか。

田辺　ええ、自由主義者やちゅうてね。そら櫛田民蔵とかね、大内兵衛とかね、そら大したもんでしたよ。それで毎日講義、それでセツルメントで、それで賀川豊彦が帰って来たらごちそう食わしてくれる。賀川豊彦がおらん時やったら、ほんまに貧しいおかずでね。そらもうしゃあないわね、タダで寄宿してるんやからね。それは有島武郎のいわゆる遺産があって、それで勉強してまだタバコ代ちゅうて小遣いくれましたよ。それからこうね、もう僕らが習ってからのち、あんまりやらなかったですけどね。そら農民組合作った時はあんた、大正十一年、有馬頼寧伯爵まで入っとんたんやから。北沢新次郎ちゅう学者ね、これはまだ革新的な学者ですけどね。有馬頼寧とかね、ああいう人が入っとったんやからね。

有馬　先生、東京にいる間は運動の関係では賀川さんところへずっとですか。

田辺　うん賀川さんのうちへね、泊めてもろうて。震災後こっち、瓦木村〔これは関西・西宮〕ちゅうてね、その時に杉山さんととなり合わせで一緒におって、よう農民運動やりよったでしょう、大正十年から。そらよう賀川さんのうちへ行きました。で賀川さんも私のうちへ泊ったことありますしね。あの人の書いた字は泉州に大分ありますよ。私は一枚もないけどね。うちの兄貴のとこへ一枚置いてありますけど。もうほうぼうへ書いてわしもろてやってね。だいぶ皆にあげてますよ。せやからわしいつもせがれに言うんですよ。お前ら俺の五倍も六倍も学校へ行っとるやないかと、それでね、それを活用でけへんと。俺はお前、本を読んで、人に話を聞いて、それで勉強してきたと。あんた大学どこですかて聞いたら、俺は東大やと言うたんやと。都合よかったら早稲田て言うたり、あちこち使い分けしてんやと。お前ら俺の五倍も六倍も学校へ行ってやね、一体何まごまごしてるんやと、よう叱るんですけどね。

何ぼ勉強したかて〔不明〕がなかったらいかんですよ。だから僕は大学は出てないけどね、どの大学ですかて言うたらね、そのつどね百姓に、わしか、わしは早稲田やて言うたりね、まあ早稲田が一番多かったけどね。大杉栄の遺骨を取り合いした時にね、右翼のやつがあいくち抜いて取りに来たと、それが結城源心ちゅう男でね、あの静岡のね。それがあんた、東方会へ入ったら一緒に入ってますねん。それで顔見たらやね、お前がアイクチ抜いて俺らのところへ来やがって、このガキゃちゅうてね。まあ仲良うしようや言うてね。御前試合に出たことある男ですよ。

有馬　例の大杉の遺骨のあの騒ぎのときは、おられたわけですか。

田辺　おったですよ、わたし。であんた、ドス抜いて来るやつあんた、来いちゅうてやっとったけど。あのね、暴力団があんた、大山さんのうち、高田馬場のところにね、高台に家あったんですよ。で皆、みんな逃げたんでっせ。

そしたら暴力団がね、先生のうちへ来るんやちゅうて、警察官が知らせてくれて、よしちゅうて、それでサクラのステッキやな、玄関で僕らみなこうやって待ってるんだ。で来たらどうしようかと思うてこっちも考えてますわね。そしたら途中からね、警察がとめたんかしらんけどね、もう散らばったと。

そしたらこっちは度胸ないけど、やっぱり喧嘩は大阪の人間やと、関東のやつは気が短いさかいね、本当の喧嘩の術を知らんちゅうて、私にあの何は、大山郁夫はよう言うて、奥さんも信用してくれました。田辺さんゴツかったね、あんた一人だけがね、みんな逃げたやないのと、あんた一人ね、ステッキ持ってね、頑張っとったと、やっぱり大阪の人は喧嘩上手やちゅうてね、言うてくれたことありますわ。せやさかい、

〔以下テープが切れたまま終了〕

田辺納氏談話速記録　第三回

一九七九（昭和五十四）年十一月七日　田辺氏宅にて　聞き手・有馬学

昭和十一年の大阪地方労農無産団体協議会について

有馬　ええとそれでは最初に、この前もちょっとうかがったんですけれども、あの、大阪地方労農無産団体協議会というのは、これは昭和十一（一九三六）年ですか、この頃につくられておりますけれど、これはどういう経過で出て来たものか……。

田辺　あれはね、農民組合やいろんな社会団体、それから労働組合ですね。そういう、無産団体協議会やから、借家人組合とか、ああいう所属社会団体ですな、まあそういう人が寄って無産団体協議会つくって、その協議会が中心になって、メーデーの母体になるわけです、ええ。その時初めてメーデーの母体に。

あの、それまで労働組合会議ていうのがありましてね、メーデーというのは労働者だけのもんではないと、働く者一切を含めるんやからということで、あの、労働組合会議を、まあ飛躍させたわけですね。そして無産団体協議会というものをつくったわけです〔これは田辺氏の勘違いと思われる〕。昭和何年になってます？

有馬　十一年です。

田辺　十一年ですか。

有馬　十一年やったと思いますけども。そうすると、そのう一応メーデーに向けてつくると、その母体としてつくると……。

田辺　まあそういうこともあったしね。それまで労働組合会議に我々が呑みこまれて、私は、昭和六年か、メーデーの総指揮してますわね、大阪で。だからそれ以後、確かそうだったと思うんですよ。それからまあいろんな弾圧関係もあったしね。無産団体協議会ということで広汎なものにひろめたわけですな。これは特定のスローガンもなければ何もないんですけれども。

有馬　これはそうすると、誰それが特に中心になってつくろうといったとか。

田辺　そうそう、ないわけ。皆で寄って。

有馬　それで、この間お借りした綴りの中にそれに関する資料が三枚程ありましたんですけれども、ちょっと教えていただきたいのは、議事録なんてこういうものが中に入ってましたけどね。

田辺　ああそうですか。結局やっぱり政党に対する意見ね。社会党とか社大党とか何とかいう政党を敬遠した連中が多かったと思います私、今考えてみると。

有馬　そうですか。これはあの組織の名前が出てくるんですが、略号何かちょっと分らないのがあるんですが。例えばこの大消というのは何の略ですか。一番最初のダイショウというのは、

田辺　これは大阪市消費者連盟と違いますか。
有馬　消費者連盟ですか、成程。それから、全農、市電、その次、評議会ていうのは全国評議会ですか。
田辺　ええ、そう。労働組合評議会。
有馬　あの加藤勘十なんかがやった、あれですか。それからそのあと、全水、それから自従というのは自動車従業員組合ですか。
田辺　自従というのは大阪市自従でしょ。
有馬　はい。
田辺　自従というのは、自動車の自書いてあるんですか。ほな、自動車従業員組合ですね。
有馬　それから木材というのは何ですか。
田辺　木材労働組合。石井というのがやっとったから。
有馬　ええと、それからですね。全泉と、泉州の泉ですね。全泉というのは、これは何でしょう。
田辺　全国、いや泉州、全泉州連合会か。
有馬　労働組合連合会ですか。それから、労救というのは、救援のあれですか。
田辺　労農救援会や。そうですな。
有馬　そうすると、これ、例えば、出席者の割当てなんていうので見ますと、多いのは、あの市電評議会、全農が十人ずつで、あとは皆二、三人ずつなんですけど、これはやはり組織の力量に比例しているわけですか。
田辺　いやまあそういう意味やなしに、だいたい中心になってやっとったからね、そこがようけ出しとるんやね。
有馬　これは見てますと、主な問題というのは社会大衆党との戦線統一に関するですね、社会大衆党との交渉というのが、一番主なあれになってるんですね。
田辺　もう参っとったから、あの当時、政党、いわゆる何というのか、政党嫌い、政党離れした労働組合もたくさんあったしね。共産党、全協の動きもあるしね。
有馬　ちょうど同じ頃にですね、例えば東京で、これはあの加藤勘十なんかが中心なんですけど、労農無産協議会というのが出来ているんですけどね。そういうものとの関連といいますか……。
田辺　まあ多少関連あるでしょうね。それが無産党、無産党つくってるでしょう。
有馬　あとで日本無産党へ行きますね。何か具体的な連絡が。
田辺　昭和十二年頃にそれへ発展していったわけですな。
有馬　他の地方なんかでは、同じようなものが、出来たんでしょうか、当時。
田辺　そうですな、当時全国的に多少そういうものは出来ていますな。地方協議会ちうのは。労農協議会とかね。
有馬　それはこういうふうに考えていいわけですか。つまり、だいたい……。
田辺　左派的な影響。
有馬　左派が多いですね。
田辺　そうそう、左派的な影響力。
有馬　そうすると、左派ってのは、労農党がつぶれた後、政党関係というのは特になくなっているというか政党離れしてる……。

田辺　社大、社会大衆党だけでもね。

有馬　政党離れしているのが、つまりある政治的な結集を図っていこうとしている、そういう流れだと。

田辺　そういう傾向ですね。

有馬　そうするとだいたい分ってくるんですけども。例えば、東京の加藤勘十なんかの場合でしたらですね、割と初めからこう、党をつくっていくっていいますかね、新しい。

田辺　いやそれはなかったですね。

有馬　それはなかったですか。

統一戦線への動きとその挫折

田辺　それはもう僕らがね、とにかく戦線統一せないかんいうので、僕とね、泉野利喜蔵というて、全国水平社の、それと二人で。あの松本治一郎がね、あの戦線統一せないかんと、そやから一つ、東京へお前ら出て来て東京をまとめてくれというてね。神田の、あれ、どこか名前忘れたんですけどね、そこへ皆集めて話し合いしたんですよ。ほんだ、あのいわゆる人民戦線統一というような形になりますわね、統一戦線の為の。まず勿論僕らもそういう意図でやったんですけどね、それは不調に終わりました。で、すぐそれが不調に終わると同時に、確か十一年の秋頃やったと思うな、無産党つくりよったんですわ。

有馬　ああ、日本無産党ね。
田辺　それはまあ、そういう影響力は、地方にもあるからね、地方にもその動きがいったけど、それで、もうつくってすぐひっぱられましたからね。
有馬　人民戦線事件ね。
田辺　人民戦線事件の嫌疑でね。
有馬　そうすると、例えばこういうビラに出てくるその無産政治戦線統一というのは、政治的にいうと社会大衆党と……。
田辺　そうそう。
有馬　協議会内の左派ですね。
田辺　さ、そういう我々の意図で、その、なにを、泉野利喜蔵と二人でね、僕ら東京まで、わざわざ行って、手を結ぼうと思うたら、一番中心になった東京、いわゆる東京市従ですか、交通労働組合ね。あこの代表者皆集めて話したんですけどね。でもやっぱり右派と左派の確執が非常に強くて、それが不調に終わったんですよ。それでもう加藤勘十や鈴木茂三郎ね、あこら、いっぺんに嫌気がさして、で、すぐ日本無産党つくりよったんです。
有馬　それはその右派と左派の確執というのは、社会大衆党と労農派ということですか。
田辺　そうそう、それが上手いことといけば、社会大衆党へ統一出来ますわね。
有馬　統一すると。
田辺　それで、まあ名前変えると思うね。社大党といわず労農党にするか、もとの労大党へ戻るか、とにかく統一さそうということで。まあ、左派の連中は人民戦線統一という意図があったんでしょう。僕らはまたそういう素朴な、ただ統一しようという、そう思って行っただけで。

有馬　そうですか。そうすると労農派の方は、はっきり人民戦線という意識があったわけですね。

田辺　だけどその、人民戦線統一というようなことは、僕ら想像もつかんくらいね。なぜかというと、もういわゆるマルクス主義でいきゃ、いわゆる世界革命の前夜であると、そやから、やがてはもう、院外政党で、革命はもう明日にも来るようなこと言うて、宣伝しておったから。

僕らはもうそういうことは……。そやけど、僕らを動かして、そして人民戦線統一を図ろうというのは、やっぱり、全協の線が非常に強かったと思うんだ〔全協は昭和九年に消滅しており、田辺氏の記憶に混乱が見える〕。全協も弾圧され追い込まれておったんでしょう。もうほとんど、合法性がなく非合法的にやっとったですからね。だから何かに頼っていこうというので、僕らをマークしときよったわけですね。出来ればそこへ入って行こうという、労働組合も戦線統一していこうという、まあ、そこまで行き詰まっておったんでしょう。私はそう思いますわ、今考えたなら。

有馬　その場合の全協というのは、具体的には、例えば組合でいうとどういう。

田辺　ええ、やっぱり、全、労働組合全国協議会ですか。

有馬　全国協議会ですね。あの、そうすると、具体的な個々の……。

田辺　労働委員会はもう出来ないで、やはり労働組合として、全国協議会をつくったわけですから。

有馬　どういう組合に多かったですか。

田辺　やっぱり、そうすな、一般、繊維関係は駄目だし、やっぱり鉄鉱とか、炭鉱の一部、左派系統。とにかく幻の組合やから、俺は全協の幹部なんていうのは一人もないんすから。そやから、全協の秘密出版がどんどん出て来よるからね、地方へ流れてくる。ほて、ポスターの所へ、全協の名前でポスター貼るしね。で、全国協議会と貼らんと、ただ全協という、ネームでね。

有馬　そういう利用しようという、先生なんかを利用しようという働きかけはどういう経路で来るんですかね。

田辺　上から、何段階か続いて下りてくるんですね。もう僕ら離れたりしないでしょう。もう辛うじて僕ら左派勢力守ってんやから。

有馬　その例えば、労農派と社会大衆党をこう一緒にする、あるいは組合の左派と一緒にするということは結果的には、出来なかったわけですけど。

田辺　そりゃ、まあ何といっても、合法的な中に入っていって、左派勢力を拡大しようという、そりゃもう戦争直前ですからね。もう昭和十一年といったらもうねえ。

有馬　不調に終わった要因というのは、主には社会大衆党の方が門戸を開かなかったということになりますか。

田辺　まあ、そりゃ政党ですね。そりゃ、そんなもん、必要ないと、俺らは俺らでやっていくんやからということでね。

それで、右派の労働組合はどんどん出来て来たでしょう。いわゆる国粋的な労働組合があっちこっち、農民組合では、皇国農民組合なんて、でけてきたし、吉田賢一ね。

有馬　その場合に、さっき松本治一郎の名前が出ましたけれど、他に割と積極的に間に立とうとしたのはどういう人ですか。

田辺　やはり、鈴木茂三郎、それから東京に行ってる伊藤実ね、食堂やってますけどね。伊藤実やとか、それから、この間、あんたの言うた手紙もっとるそういう連中ね、真面目な左派でしたからね。ほんでちょうど、伊藤君は大阪で、農民組合の事務所におりましたからね。

有馬　黒田さんなんかはどうでしたか。

田辺　黒田君なんかもやっぱり左派の連中。

有馬　動いた方ですか、そん時に。

田辺　寿夫でしょ。やっぱり〔不明瞭〕ですわ。

有馬　あの、その、日本無産党をつくる時にですね、先生なんかの方には、そっちへ来いという、あれはなかったんですか、働きかけは。

田辺　僕らは、もう全然、もうそういう無産党ちうのは、もうそんなもんつくるんやったらね、社大党でおった方がええと、言うて、社大党には関係はしておらなかったけどね、農民組合は。そやけど、政党支持は、社会大衆党を支持しておりましたね。役員もしてますよ、私ね。

有馬　ここで、あの労農派というのは、当時の左派といっても、先生なんかとは、大分毛色が違う。

田辺　まあ、大阪あたりは、ほとんど、旧労農党系が強かったね。まあ、杉山さんや、、何は、河内方面で初田やとか寺島とかいう人ね。寺島もその当時は、あの皇国農民組合にいっとったら、社会大衆党には関係なかったし。ま、杉山さんやら、僕らが寄って、社会大衆党の孤城を守っとったわけや、大阪で。その他の仕事ないんやから。

有馬　労農派というもの、そのものに対してはどういう考えをおもちでした、先生なんか。
田辺　まあ、やっぱりなんてたって、その当時の戦争がだんだん拡大され、当然世界大戦までいくだろうと、だから大きな組織をね、戦争反対のための大きな組織をね、どうしても、やっぱりつぶしてはいかんと、とくに労働組合の組織をつぶしてはいかんということでね。また農民をひっぱっていくような色んな政策だしてたりなんかをね、それは昭和十二年に入ってからですか、支那事変が起きてから、いろいろ積極的にそういう政策を推めてきましたね。それに反して、政党はだんだん、だんだんジリ貧になって来ましたがね。やっぱり中央で、国会の動きや地方のいろんな動きで、グラついて来たしね。
有馬　例えば全農の中でも、労農派系の人っていうのはおりますね。
田辺　そら、おりますよ、たくさん。
有馬　そういう、例えば全農の中で、労農派系の人の独自の考え方というか、なんかそんなふうなものあったんですか。
田辺　さあ、まあ、僕ら自分の考えから見たら、あったんでしょうな。僕らもありましたからね。やはり、このままではいかんと、どうも右寄りするような傾向が非常に強い。しかし、右寄りは右寄りとしても、あくまでも、やはり、政治的な、戦争政治を批判するような勢力というのがなければね、戦争反対運動は、そんなもん、成り立たんと。
ちょうど、日露戦争の時に、杉山元治郎が宣教師で、戦争反対運動を和歌山でやったのと同じようなことを、ま、いつも杉山から聞かされておったから、やっぱり組織をつぶしてはいかんと、やっぱり組織を通して、やっぱりそういう運動を起さないかんと思ってね。そら、そういう気持で、皆おったと思うんですよ。

ただ崩れ出したのが、あまり早よすぎたからね。十二年に入ってか、最初は、その無産団体協議会つくった時分には、政党の力弱いから、まあ、補助的な機関として、各地方で、左派の人が中心になって、無産団体協議会つくって、そして、まあ、社会大衆党なら社会大衆党、まあ旧労農党系の人が、労農党系の社会大衆党系を強化していくというような気持はもっとったと、私は思うわな。僕自身はそういう気持やったから。

有馬　あの、全農の中で、どういう人ですかね。労農派系の人って。椿さんなんて、そうですか。

田辺　そうだろう。

有馬　あと、黒田さんとか。

田辺　ううん。黒田君は。それから、ええ、勿論あのね、鈴木茂三郎や、加藤勘十やら、皆一緒でしたね。岡田宗司やとかね。その中にも派があるでしょう。労農系統、いわゆる田所一派の旧労農派というやつでね。旧労農派、労農派というてましたね。田所輝明〔ただし田所輝明は日労党系〕ね、あれらの一派の何と。そりゃいつも労働理論の中で、いつも理論闘争やっとったね。雑誌は「労農」か、なんか出しとったね。

有馬　それから次に、もう一つうかがいたい大きなことの一つは、日本農民連盟のことなんですけども、これはあの、最初出来ます時に中心になった人の中に、例えば小山亮とか中原謹司とか、今井新造とか、右派系の人が中心に入っておりますですね。こういう人との関係といいますかね、つくる時の連絡といいますか、そういうものは主に左派の方の人では、誰が一番深かったんでしょうか。

田辺　さあね、一番深かったのは、稲村隆一ね。それから、関西では、私。それから兵庫では長尾有、ま、そういう人ですね。

有馬　特にそういう右派の連中と、連絡が緊密だったのは。

田辺　それは、中野正剛からですよ。中野正剛が。
有馬　中野正剛が間に入って。
田辺　そう、中野正剛がね、とにかく戦争政治は、この状態でいくと、あの人は、社大党は解体すると、それから労働組合はもう壊滅状態になって解散すると、それから産業報国会が出来てそこへ皆入っていくと。で、農業報国会がでけて、農業報国会へ、皆解消して、農民組合がそこへいくと。それまで、大日本農民組合つくって、私ら、大阪の農民連盟か、いや協同農民組合か、大阪共同農民組合つくってやってた時に、あの人らが、大日本農民組合つくって、そして、まあやっとった。それと、中から、そういうやっとる連中のその中から、まあ右派的な大きなもんをつくるよりか、やはり、我々は農民組合の中心をなす連中が寄ってね、農民連盟つくった方がええやないかと。でね、長野県が、小山亮は長野県でしょう。で、強いですわね。長野県はほとんど来ました。そやから、まあ農民連盟つくろうと、いうことで、中野正剛の事務所でその話ができたわけだ。
有馬　そうすると、先生なんかあれでしょう、小山亮なんかと関係ができたのは、そん時が初めてで。
田辺　そうそう、その時が初めて小山亮君や中原謹司君やみな、初めて会うたんや。
有馬　稲村さんは、割と前からなんんか。
田辺　いやいや、あれも、その当時中野正剛に近付いた時。
有馬　あ、そうですか。でも、あの、あれいつ頃ですか。満州事変の後で、農村飢饉救済運動がバーッとありますね。議会請願だとか。
田辺　そうそう。

有馬　あの頃、稲村さんは、あの例えば長野朗とか、ああいう農本主義系の人と一緒に……。
田辺　会うてるでしょう。
有馬　動いてますね。
田辺　あん時は、もう、右派も左派もあれへんわ。とにかく東北六県ね、農民飢饉救済運動に打って出ておったでしょう。で、中原謹司かて労働運動やってた男やからね、もとはね。そういう点で僕は知ってるからね。中沢弁次郎、あれは中部農民組合の組合長やったんや。あれらが、その、農民連盟に動いてきたわけですわ。
有馬　だけど、中沢さんは最後は入らないですね。
田辺　うん、入らない。手紙、この間きた中沢の手紙もありましたけどね。
有馬　あの、できる途中では、多少関係があった。
田辺　やっぱり、やろうということでできてますよ。私、手紙探してんけど、もう、身体もえらかったしね、わし、もう、ある所は一カ所にあるんやから。
有馬　あの、この日本農民連盟は、だいたい中心になった人ってのは、それぞれ自分が地域の農民組合もってますね。
田辺　簡単にですよ。もう、皆で寄ろうというて、東方会で会ったわけですよ。ほで寄って名前何としようと、日本農民連盟にしようと、日本農民連盟にしたわけですわ。
有馬　ただ、その中心になった人の中で、例えば、山名正実なんて人は、直接自分が、掌握している組合は、ないわけですね。

田辺　ない、ない。労働運動でしょう、山名正実は。
有馬　こうい人は、パッとこう。
田辺　入ってるでしょう。
有馬　どういう、あれで、入って来るんでしょうかね。一番中心に。
田辺　まあ、専業的な仕事、書記局の仕事してもろたんでしょ。僕ら、地方で組織もっとるから、ね。
有馬　それから、これ調べてますと、どうもあんまり経歴がよく分んない人がいるんですけどね、中心になった人の中で。例えば、岩田潔なんて人は、これはどういう人ですか。
田辺　僕も知らんよ、岩田潔って。名前は聞いていますけどね。あれは、関東の方と違いますか。
有馬　この人なんか、どうも、その前の経歴がよく分んないんですけどね。お会いになったことはないんですか。
田辺　記憶にないな。あれ見たら、分んやけどな、事典。
有馬　いや、あれには載ってないですね。
田辺　載ってないですか。はあん。
有馬　だからちょっと分んないんですよね。それから、あのこれは、今度はやっぱり右派系なんだろうと思うんですけど、そん時に一緒にその山口真吾という人がやっていた東アジア社というのが、関係しているっていうのも、出てくるんですけど、これはご記憶にないですか。
田辺　僕が読んだ……　うん。
有馬　その東アジア社という団体の機関紙がそのまま日本農民連盟の機関紙になって、『農村新聞』になったということなんですがね。
田辺　そんなん、二回か三回、出た位でしょう、新聞。ええ。
有馬　そうでしょうかねえ。
田辺　『日本農民連盟情報』ってやつね。
有馬　あんまり、その。
田辺　そら、中野正剛の所へ、こう情報屋として集まってくる連中がそういうことやったんと違うか。農民連盟としてはね、あの、主体性を発揮していましたよ。そら、関東では小山亮君、稲村隆一、関西では長尾と僕、富山では矢後嘉蔵、ああいうのが出てきて、それから、岐阜では一人出てきてるわ。名前忘れたけどね。それから淡谷悠蔵ね、青森の。これらは皆、はっきり筋の通った農民運動家ばっかりですからね。それがなかったら、農民連盟という存在はないですよ。本部では知らんけど。そやけど、僕らは委員会開いてする時に、そういう連中は、表へ出てしまう。まあ、書記局ちゃんと構成して、ほんで会議開いて議事録ちゃんとつくらせてやっとったんすから。
有馬　京都の田中義男という人はどうですか。
田辺　うん、あの人もやっぱりな弁護士で。
有馬　やっぱり、京都の組合には相当影響力もった人ですか。
田辺　そうですね。農民組合の顧問弁護士でずっと毎年やってくれよったからね、水谷と違って。水谷はもう政治家になって、農民とはちょっと離れましたからね。あれ、九州へ帰って来たんとちがいますか。今、あれ。名誉市民になって、名誉町民になって。

有馬　田中さんですか。
田辺　たいがい郷里へ帰ったはず。
有馬　あ、郷里ってどこですか。
田辺　確か九州やと思うわ。
有馬　まだそうするとお元気なわけですか。
田辺　さあ、死んだんとちがうかねえ。死んだということは聞いたことないんやけど、もう、酒飲みでね、よう生きてへんと思うわ。やっぱり、弁護士でね、戦後にちょっともうけたわけですよ。ほんで白浜に小さい別荘買うてね、それも売ってしもうてね。自分の郷里の、九州のどこか知らん町へ寄付してね。ほんで名誉町民になって、で、九州へ帰ったという話でね。で、わしら古い農民運動家の友の会があるんですよ。関西でね。それに皆、年に一回寄るんですよ。こないだ、写真調べておったら、それが出てきましてね。で、今度、私の経歴それを載せよう思いましてね。その写真印刷屋へ持っていっとんすけどね。
有馬　あの、愛媛の渡辺という人は。
田辺　うん、真面目にやっとった男ですよ。
有馬　この人も割と積極的に。
田辺　そうそう。やった。迫力のない男やけどね。そやけど熱心についてきました。
有馬　名前は何と読むんですか。
田辺　渡辺、あれはね、何と読むのかな。
有馬　あの。鬼、子、松とかく変わった名前ですね。

田辺　そうそう。満州にも一緒に行きましたよ。
有馬　ああ。あの移民視察団の時ですか。
田辺　渡辺鬼子松か。
有馬　キシマツですか。それでもう一つ、あんまりよく分んないんですけども、農地制度改革同盟というのが、出来ますね、同時に。
田辺　あれは、杉山さんの。
有馬　はい、そうですね。これは、日本農民連盟の中心になった人たちは反対だったわけですか、反対ということはないけども。
田辺　あの時点では、もう意味はないわね。農地改革同盟というのは。ついては、農民組合では、でけんから。大日本農民組合を解散して、農地改革同盟とかいうものに代えていたんですよ。
有馬　といいますのは、日本農民連盟でも、組合をしっかりもってる人たちは、全然関係してないですしね、これは。ところが、さっき中央でゴチャゴチャやってたって、その山名正実とかね、それから岩田潔って人ですね。それから東方会系では、代議士やってた杉浦武雄とか、ああいう、土佐の大石ですか。
田辺　大石大。
有馬　そいう人が、農地制度改革同盟に入ってますね。
田辺　そうですか。
有馬　だから、その、東方会。
田辺　それは、農民連盟でける前年にでしょう。

有馬　いや、後じゃないですか。農地制度改革同盟の方が。これ、ちゃんと出来たのは、昭和十四年の終わりの方ですね。だから、二年近く。

田辺　そやったら、農民連盟解散しだしてからとちがうのかな。

有馬　ちょっと、あの少し農民連盟解散……。

田辺　大石大ってのは、良心的な男ですよ。農民組合にも一番最後まで僕らと残ったんやから。

有馬　あれは、ちょっと、なんというのか、独立した感じの組合ですね。あそこは。

田辺　自作農創定の資金が未だ生きとったでしょう。だからもう、追いこまれて何もでけへんから、農地改革同盟というのに、農地同盟つくって、自作を増やさせろというような傾向に行ったんとちがいますか、そいつらは。そやから、そういう古い連中は動きしまへんわ。何か形にすり替えて、地方によって特警察の政策が違うから、それやったら、ええやないかと、農民連盟もやめてしまえとかね、何とか言われてしたんやと思うんすけどね。

有馬　といいますのはね、日本農民連盟が俺達はあれとは関係ないという声明を出しているという記事が、内務省の資料に出ているんですけどね。

田辺　出てますか、内務省の資料に。

有馬　そうすると、やっぱり山名正実だとかそういう人は、個人的に。

田辺　労働運動やっておったろうよ、山名正実なんかはね。

有馬　個人的に動いた感じですね。

田辺　そうでしょう。

有馬　今、その自作農云々という話が出て来たんですけども、あの、日本農民連盟の綱領というのですか、これは、あのこれは内務省の資料なんですけれども、見てたら、自作農創設というのが、いっとう最初に出てくるんですけど、やはり、そういう路線ですか。

田辺　そりゃ、あの僕ら、自作農の、事実、法律は生きてんやから、だからもう百姓に土地をもたすという方向に経済的に、政治的な利害関係に結びついていかなね、現時点では目標はないですわ、もう。戦争反対ということは、もう言われへんし。

有馬　それで、そういう自作農をつくっていく、維持していくというふうなことは、たとえば当時ですと農林省辺りでもかなり考えてたような。

田辺　どんどん金出しましたし。ほで、事実、集団的にね、地主も、農地もっとっても、仕様ないからというので、ほんなんやったら買うてもろうと、ほんなら十年、十五年という年限ですからね。そいで動きましたからね。

有馬　例えば、そうすると農地制度改革同盟なんていうのは。

田辺　開拓問題も載ってなかったですか、綱領に。

有馬　ああ、載ってます。

田辺　載っとるでしょう。開拓問題も。特に満州開拓にね。百姓を奴隷にするような開拓はいかんということですね。そやから、満拓協会とか、それから拓務省あたり執拗にそれ要求したわけです。そんなら、お前、満州見てくれと、君ら専門家に見てもらおうというので、あれ、移民視察団できたわけですから。

有馬　あの、それと、お話がでたついでにちょっとおうかがいしますけど、東方会の農業綱領みたいなもの、稲村さんが書いたやつですね。あんなの見てると、例えばアジア・インターなんて考え方が出てくるんですよね。あれは、どうなんですか、どうなんですかっていうと、割とその頃皆、考えて。

田辺　大東亜の影響受けたんとちがうか。そういうふうな政府の動き、何もかも政府に反対するような政策ではいかんから、いわゆるアジアの……。

有馬　だけど、どうですか、稲村さんなんていうのは、そういう感覚というか、傾向というのはあるんですか。

田辺　あるでしょう。稲村に。あれの弟に順三というのが、これが理論家だったしね。それから、あれは、アジア研究会やなしに、なんとかいう公社の役員になっとったはずですわ。

有馬　稲村順三ですか。

田辺　ええ、順三。あの当時、何か公社があったはずですわ。そこの理論的な指導やっとったんですわ。それから、稲村順三に、ええ、東京都の都市計画の嘱託しておったあれも、藤田勇、それらが、だいたいそういう論文を書いてるはずですわ。

有馬　どうなんですか。当時、そのアジアの労働者農民がこう連帯して、ヨーロッパの侵略を排除するというような考え方は、ある程度アッピールする要素はありましたか。

田辺　そう、それへもってゆかなんだら、意味はなさんわね。しかし、当時、全体の世界情勢から見たら、アジアの農民なんて米粒のように小さいものやから、あまり乗り気にはなれへんけど。やっぱり政府に進言する時には、そら相当大きい問題として、政府は受けて立ってるわね、そら、そのとおりだと。だいたい日本の百姓ら解放されてへんのにやね、そこまで、あんた、考えられるこたないわ、ナンセンスなもんと。

我国の農民も解放されてへんのにやね、勿論そら、世界全体の、アジア全体の立場では、もの言うけれどね、もっと日本の農民というものを主体に考えないかんということでね、議論出ましたよ。

有馬　あの農地同盟のこと、いろいろうかがったら、お借りした資料の中に、機関紙が一部ございましたんで。

田辺　入ってましたやろ、農地同盟の。

有馬　これは、先生のとこにあるというのは、どういう。

田辺　やはり、うちも送ってくる、ずっと。

有馬　これはやっぱり最後の方はどうなんですか。平野さんの、平野力三の影響力が相当強くなるわけですか。農地同盟の。

田辺　いや、どうか知らんね。当時僕らは農地同盟がそこらいくとは思えへんね。しかし、山梨県からもだいぶ入っておったからね。農民連盟。

東方会の反東条内閣運動

有馬　それから、やっぱり同じ頃に、昭和十四年の終わり頃から十五年頃ですかね、東方会の運動で、排英運動、演説会なんか、ずいぶん各地でやってますけど、こっちでもだいぶおやりになりましたですか。

田辺　排英運動でしょう。

有馬　ええ、イギリス。
田辺　排英運動やったかなあ。
有馬　あの浅間丸事件なんかがおこった頃。
田辺　うん、あの事ですか、あの揚子江の何とかいう砲艦の何ね。
有馬　というのは、これは十五年の二月らしいんですけどね、中之島の公会堂で、あの先生なんかと、大日本青年党、それから大アジア協会、ここらへんが一緒になって演説をうったと。
田辺　あれは橋本欣五郎が来たわけ。
有馬　あ、来たんですか。
田辺　あいつが軍艦うった男やで。英艦をね、揚子江で、上海でね。
有馬　これはやっぱり相当集まりましたか。
田辺　うん、いっぱいでした。とにかく、その当時、我々が、中野正剛やら我々がやって、で、我々の力の上にのってきたのは、いわゆる右翼団体ですね。あの橋本欣五郎やら、ああいう。そやけど、あの、何になると。いわゆる、生産党いうのがありましてね、右翼の、ええと、徳田球一の親分の何とかいう、益田なんとかいう、それらとは一線画していました。基本的にはね。
有馬　やっぱりあれですか、当時あのいろんな政治党派がいっぱいあったと思うんだけども、そういう大衆組織が参加しているということで東方会なんかが一番信頼関係が多かったですか。
田辺　そう。それはもう東方会も、その講演会があった日に解散命令が出ましたからね。
有馬　それでその、結局十五年の終わり頃と思うんですけど、日本農民連盟も解体するというふうになりますね。その後っていうのは結局どういう。
田辺　もう何にもなしだ。
有馬　組織はなくなりますね。
田辺　農業報国会へ皆いてまうしね。
有馬　そらもう、今まで組合に組織されていた農民も全部そっちへ行くわけですか。
田辺　後はもう個人的なつながりの農民組合活動ですわ。
有馬　そういう段階になると、先生なんかはどういう。
田辺　わたしら、個人的な農民組合、農民運動をずっとやってました。で振東塾という、もう振東会もいかん、なにもいかんと、東方会は勿論いかんわね。そんでもう、しょうないから僕はもう振東塾ていう塾つくって、ほたら振東塾をまた、行政は利用しようと。
　例えば、市長が炭鉱勤労奉仕やるのね、四十日間。それを割当てが来るわけだ。ほんだら、ここらはもう、その割当てをよう集めんわけだ。ほで、僕にやってくれんかと。もう沿線の岸和田市長始め、泉大津町長、それから貝塚町長、そういう町長、市長が寄ってですね、で、誰かに、町はね、勤労奉仕さしてくれないかんと。特に不良じみた青少年を集めてね、やるちゅう。
　その時に困り果てて、僕の所へ頼みに来よったわけだ。そんなんやったら、俺に何もかも文句いわさんとそっくり任すかと、お前ら一番悪い不良ばっかりよせて来い言うて、ほんで、わし、四十人程連れて、あのいわゆる新日鉄、今の日鉄ですね、国立の、あの炭鉱へ、わし、行きましたわ、四〇日程。ほんで、四十日したら、誰一人へることなしに連れて帰って、ほいでその連中を中心に、農村でしょう、農民運動ずっとやってました。

ほいで、農業報国会へ入れ、役員するから入ってくれと言うてきて。いや杉山さんも入ってくれたんやから、あんた、入ってくれと。いかんと、俺はもう絶対政府の機関には、俺は応じられんと。俺はあくまで戦争批判して、政治精力を尽して、尽したけれども、東方会も解散されて、俺も自由がないんやから。ただ、俺は、個人的世話役でおるからというて。

それでも、やっぱり二千人からあったのをみすてる気はしないでしょう、部下でもね。そら問題ありますがな。そやから十分農民運動でけたわけや。個人的にね。

戦争はどうやの、負けるかもしれん、と。しかし、お前らこんなこと言うたら憲兵に引っ張り出される、もう戻らされへんぞ、と言うたら滅多に言いやしまへん、百姓というのはね。そうですか、戦争は負けますかと、よう言いよったよ。

それがね、中野正剛がね、英国からね、英国の大使館の奥さん、クレギーというた日本の大使や、その奥さんとよう馬の共駆けちゅうて、馬に乗ってこう、散策するでしょう。その時、皇帝から、日本の天皇へ親書が来てるはずや、その中味は、満州は認める、承認すると、北支五省は日本に委託すると、それから蘭印の方の油の出る、その権益をある程度認めるという和解案が出たわけですわ。

戦争に突っこんでいったら日本は敗北すると、もう和平をやらないかんというて、あれ、昭和十六年、十七年頃からぼちぼち和平運動て、中野正剛は始めたんや。

そや、それまで農民運動は、依然として運動してる個人的なつながりで、その前の組織の上に乗ってね。

(テープ交換)……こっちの方では日親会、鶴見区の方では日の丸会をつくって、大きな組織が動きましたがね。

昭和十七年に衆議院の、あれ、ずっと延ばしておったんすからね、一年延長して、一年、二年と。あれ四年で解散するやつを六年七年か続いたわけだ。ほんで、いよいよ昭和十七年に解散するということで、あの、我々がまあ立候補しようというてね。

で、東方会を推薦するという噂あったんですよ。そら、中野正剛、阿部信行いう翼賛会政治体制協議会の会長、阿部であれ、陸軍大将ですか、あれと喧嘩して、ほんでもう電報で、電話もかかって来ました。田辺君、もう推薦状なんてそんなことでは、政府の御用機関になりたくないと、あくまで権門に屈するなかれで、その「檻から解放されたライオンの如く虎の如く吼えろ」というてきて、いかなる弾圧に抗してもやってくれというてね、電話なり電報来ましたよ。それからやったんだ、選挙を。

有馬　ここでは改選の時は、立候補者はだれですか。

田辺　ここではね、松田竹千代ね。松田竹千代は親米派で、こら推薦されへんというとった。ほんで、河盛、今、堺の市長ね、河盛安之介か、それから中尾という弁護士、ほんで井阪豊光、それと私、五人出たわけだ。ほんだ、もう、ちょうど私の若い奴が豚箱へ入ってね、ちょうど投票の一週か五日位前になると、オヤジは最高やと、こういうデマはね、あの守衛がね、おい、えらいこっちゃ、田辺は最上位になるという噂やと、もう明日からここの警邏をね、看守を一名減らされて選挙運動に入るんやと言うて、豚箱に入ってた奴は聞いてきよったんや。

出てきてね、おやじさん、最上位で当選するて言うてるでと。アホか、それやったら、見とってみ、えらいことになるぞって言うとったら、案の定ね。百人位会場へ集まるでしょ、九十九人はひっぱりごしやね。

交番所が動くんやから。ほいで、誰をいれて、交番所が回るんやから。もうあかんと、もう僕はそう思いました。

そら、もうどこの会場へ行っても立錐の余地がないんですよ、人が入って。そして、ずっと戦争政治の批判してね、やるもんやからね、弁士中止、弁士中止でね、候補者には、あんまり中止とよう言わなんだすけどね、そやけどもう、ものすごい人数でした。ほんだ、結局次点で。

有馬　はあ、次点で。

田辺　次点の次やったかな。弁護士が次点やったからね。ちょっとの差でね。ほんで結局非推薦や言うとった松田もね、松田はアメリカへ行っとった親米派やから、こらなれへんと。田辺君、君は東方会やから、絶対大丈夫や、推薦されるぞ、おれらは、アメリカ、どこやったら俺は親米派やからというてだいぶ悲しがっておったけどね。

有馬　戦争中なんかでも、実際農民は、農会だとかですね、あるいは産業組合だとかいうようなものの組織があるわけでしょ。そういうものとの関係っていうのは。

田辺　そんなもん全然関係なし。そらもう農業報国会に皆包含されてもた。で、事実、帝国農会でしょう、その当時はね。それが、もう事実上、活動停止やもんね。そやからもう皆個人的な動きや。

そやけど組織があると強いですよ。ということは、戦争中やからもう言うとおりになるわ。ちょっと私が行ってね、百姓にあんたらこないに要求せえと。やっぱり農民は、百姓、利口なんです、労働者とちごうてね。農業報国会へ入ってるから入ってへんからと、産業報国会へ入ってるから入ってへんからちゅうな、そんな分けへだてしらんとね、ただ盲目的に田辺を信頼しとこと。ということでだから、年貢の地主へ交渉にいてやったりね。
有馬　それからもう少し後になって昭和十七年の終わり頃から、相当公然と東方会は、というか中野正剛は反政府的な演説を始めますね。そういう。
田辺　あれが昭和十七年頃に、クレーギーが英国皇帝から来た親書をね、見て、今手打てば日本は滅びんと、手を打つような運動をしようというてね、で、全部招集あったんすよ。ほんで昭和十八年に結局天下取るちゅうね。その時、軍もグラついとったしね、それから、近衛とかね、宇垣とかね、ああいう連中をひっぱりだしてきたわけだ。
有馬　だいたいその、中野正剛が重臣工作始めるのは、昭和十八年の四月頃らしいんですけど、その時は、あれですか、先生なんかにはっきり、今の言葉でいえば政権構想というか、そういうものとして伝わってきたわけですか。
田辺　そう、そうそう。ほいで、僕に東京へ来いと言うて、私も東京へ行きました。ほいでいよいよやるというのはね、電報来たら。日比谷公園へ五万の全国民を集めて、ほいで、ずっとやろうと。ま、結局、体のええクーデターですね。
　ま、そらも、皇族も網羅してるし、内閣も全部変えてしまうと、そして民間登用規則法律を改正するまで、僕は訓練局長ですわ。国民の、そういう外郭団体の重要な地位について、ほいで国会が変わったら、今度は官吏登用規則を改正して、そして我々が要職につくというね、そこまで出来とったね。
有馬　しかし、それは相当すごいっていいますか、重大な動きだと思うんですけどね、そういう相談ってのは、他にあずかった人ってのはどういう人ですか。

田辺　まあ、東方会の当時の代議士やっとった連中ですね、三田村武ね、今、木村武雄、それから……。
有馬　木村さんは、もう少し前に東亜連盟に行っちゃってんじゃないですか。
田辺　いやいや。東亜連盟にもいたけどね、やっぱり東方会にも執拗についとった。東亜連盟は石原が会長。
有馬　そうですね。
田辺　あの人のもんやったけど、そら、中野正剛についちゃったですよ。淡谷悠蔵もいきよったわ。
有馬　東亜連盟の。
田辺　だから、おやっさん、止めとけってとめましたね。
有馬　とめたんですか。
田辺　ああ。
有馬　あれはどういうんでしょうね。淡谷さん、東亜連盟に。
田辺　あの人はやっぱり満州国つくって、満拓協会のね、エライしたり、色々してきたでしょう。そやかい、駒井徳三や石原莞爾とかね、ああいう人に用いられたんでしょう。もう東亜連盟だけは無用の長物やったね。僕らだいぶ反対したけどね、そんなんやめとけって。中野正剛にやめとけって言うて。ほて、そうしているうちにね、中野正剛はね、あの人は、だいたい強いですよ、平気で言うんですよ、ほんで僕に電話があってね、西尾末広とこへ行ってくれと。
　ほんで僕は、何やって、いや西尾に生産大臣、労働大臣て言えへん、あの人はね、生産大臣やってもらおうと、だから君いっぺん交渉してくれと。ほいで僕は西尾に電話かけたんや。重要な話あんやと言うて。ほんだ、うちで会うてなあ、もし、何して、中之島の公園で会おうと。ほんで中之島の公園で何時という時間決めてね、ほんで、西尾末広と、ベンチにこしかけて。ほんで、田辺君、なんやと、いや、天下は変わるよと、ね、君、宇垣か近衛かどっちか首班やと。ほんで、反軍人、反官僚の結集して、で、君は生産大臣になってくれと。受けるか、受けへんか返事どうやと言うたらやね、僕は、西尾の偉いとこはそこやねん、僕はもういっぺん除名されてもかめへんね、僕はこのままでは、戦争に勝てんと、僕はもう殺されてもかめへん、もういっぺん除名されてもかめへん、もういっぺん発言してからにしてくれ、と。そしてそれがすんだら、僕はと言うてね、よう言わんよ、誰も。そやけど、このままでは戦争に勝てんと、だから、と言うてね、よう断りよった。

えらかったですよ。やっぱりさすがに労働運動ね、永年やってきただけに芯のある男やなと思いました。ほんで、その通り報告してやった。それが、三田村武夫の失敗から、警視庁に分って、憲兵隊にやられた。

有馬　その西尾さんの話もこの前うかがって非常に面白いと思ったんですけどね、こらやっぱり政権をとるとなると相当大変なことだから、勿論失敗したらえらいことになりますよね。

田辺　そうよ。

有馬　当時の状況では。

田辺　だけど、信じ合いね。まあね、もういっぺん除名さやれてもちゅうことはよう言わんよ、誰も。そやけど、このままでは戦争に勝てんと、だから、僕はもういっぺん除名しやれてもかまわん、発言するつもりやから、それすんでからにしてくれというて。

有馬　中野正剛としては相当成算があったわけですか、それは。

田辺　それはまあ、宮殿下がついているしね、皇族も動くとこう思てるもん。

有馬　軍部なんかはどうするつもりやったんですか。

田辺　軍部とは、まあいわゆる反東条派が多いでしょう、で、それが宇垣をうまいことといったわけや。宇垣は上層部の軍部から排斥されておったけど、下には、ええわね。そこまでするんなら危急存亡の時やから、よし、わしもどこぞ道をつくってということになるでしょう。それで、話はできたんでしょ。一応、名簿も。ところが近衛さんもえらかったらしいですよ。憲兵がダァーッと、もうそれが分ったからね、そういうことは、機密が漏洩してからもう近衛のところに憲兵が取巻いたという。それでも平気やったって。

そいで、今度宮殿下に及ぼうと、とにかく東条いうたら、宮殿下に対しても、戦時刑法で、皇族といえども、逮捕しますよというようなこと言うたというんやからね。だから、もし事、皇室に及ぼしたらいかんというのなら……、そやったら割腹しやしまへんわ。やっぱり日本人らしいとこがあるよ。

僕ら、今年も九州へようけいかなんだけれど、十月二十八日、いつも慰霊祭あんや。ほれ、神社でね、福岡の。で、去年行きましてね。今年行かなんだら、わざわざ向こうの市長がね、ハガキくださって、家でけたので、来てくれて、たずねてくれて。

有馬　進藤さんからね。

田辺　今度行ったら進藤さんにいっぺんお礼言うといて。

有馬　前に何回か話聞いたことあるんですよ。まだ市長になる前、代議士の頃だから、東京でですけど。

田辺　今度いっぺん市長にね、中野正剛は偉い人やいうことで会うて話聞いてみたら。

有馬　また聞きにいかないかんと思うてるんですが。

田辺　あれ、なんとか、里見か何とか、小説家で、東条と喧嘩した、ええと、星野長官か、何とかいう奴と情報局長と斬り合いをして、中野正剛が逮捕されるまでを小説にかいた本があったがな、以前にな。
有馬　小説にですか。
田辺　里見か、何とかいうた奴や。切腹するまでのね。まあ、僕ら聞くと、三田村が組閣名簿をね、口に呑みこんだヤツを、吐き出されて、それ見てやられたというけれどね、単にそんなことだけではないと思うたけどね。
有馬　しかし、他にどういう名前がのってたんですかね。その閣僚名簿っていうのは。
田辺　さあそれや。まあ僕の知ってる範囲では杉浦武雄やとかね、〔不明瞭〕やとか、あの、ほんで我々民間人は国民訓練局長とか、そういうものずっとつくって、そうして、官吏登用規則や。というのは、官吏登用規則を改正せんな、民間人はなられへんからね

岸和田市会議員時代。

有馬　先生、次に、ちょっと、今度は全然違う話ですけど、市会議員をだいぶ続けてなさっていますね。えーっと、これは辞典だと、昭和六年からということになってますが、市会の活動のことをちょっとうかがいたいと思うんですが。
田辺　何としても、私は日常活動しかナンと、皆ぶつけて言うし、特に市会でやるちうのは税金の問題とかね。ま、例えば当時は人力車税、それから荷車税、自転車税そんなのを全部合わせても、二万円そこそこの

税額でしょう。そやからそんなの廃止せえと。そんなら廃止する代わりには、市長選挙に市長に一票入れてくれるかと、そな、その条件付きやったら入れてやると。そしたら、市長はやっぱりよう出さへんね。出なんだら、もうやるんやと。ほんだ、ダッと院外団が下ろしに来たりね。ほんな、お前らワイワイ俺をおどそうとして大騒ぎして、お前らの理屈、俺とちがうわと。

私が市会議員になったら議事録は三倍に増えたちゅうわ。そやからその議事録を私なおしてあるのよ。

有馬　例えば、当時岸和田の市会の、何ていいますか、政治的な勢力関係というのは、どういう具合で。

田辺　そんなん、俺一人。

有馬　無産関係は先生一人。

田辺　ああ俺一人や。ほんで、二期目に私は若い者一緒に連れて出てね、当選したんや。そやから、私、今の社会党に言うんや、あれだけ官憲の弾圧の、しかも拘束された中で、俺は二人も市会議員もってやってたんに、こんな有難い時代にね、二人しか社会党市会議員つくらんと、お前らなにしてんねん。

有馬　今その位ですか。

田辺　今、二人しかおらへん。ね、私は岸和田で二人もって、〔不明瞭〕という町で、三人町会議員もっとった。ね、勿論、貝塚にもおるし、泉佐野にももってるし、農民組合やから三人も五人も出して。

それで、今の社会党なんじゃ。そやから私が社会党で委員長している時は全員当選さしたりね。そのかわり、自分で金出して、あんた、車もってきて自分で運転手雇うて全部無報酬で働いたんです。そやから議会でもオイッていうようなことというでしょ。今、あんた、連中で委員長して、議会で先生ていうとるわ。そんな、いうてるだけ、社会党はね、迫力ないよ、本当。だから、僕らね、もうね、今やったら無党人みたいなもんやからや。
有馬　ここは、戦前は、既成政党はどっちが強かったんですか。
田辺　やっぱり政友会や。
有馬　政友会ですか。
田辺　政友会は警察まで動かしよったもんね。僕は議員に出てるでしょ。だから、僕をひっぱろうと思うたら、大阪府の警察本部の許可やないと、署長の頭ではようひっぱれへん。引っ張れというのに反対すると、市長が代わったらやね、署長さん、総務部長やってやね、市役所の。ほんで、あんた、衛生課長が今度は署長になっている、岸和田の。そのくらい、政治を動かしたんやね、昔の政党内閣は。そやから、警察を自由に使うから、市会議員をおどしよるがな。ところが、僕をおどしたかて、僕は警察本部の理由を言うて検束せならん。僕はよう知ったるんや。
有馬　市会議員は戦前はずうっとですか。
田辺　うん、ずっとや。昭和十七年までやった。十七年にやめて、ほんで代議士に立候補したんや。
有馬　ああ、翼賛選挙ですね。あの、辞典には、市域拡張処理委員長ていうのを市会でやったと書いてあるんですが、これは何ですか。
田辺　なに。
有馬　市域、市の区域ですね。
田辺　区域拡張、それはね、ええ、岸和田市と貝塚が合併するというのが失敗に終わって、ほいで、一市三町村、合併の市域拡張の委員長やった。ほいで、まず土生郷村山、ほいで有真香村、東葛城村、それと合併さして、後は山直町、春木町、南掃守村との合併になったわけや。ほいで、岸和田は、八万以上の人口になったと。それまで五万の人口やった。その委員長やった。野党であんた、委員長いうのは珍しい。

有馬　そうですね。

田辺　戦前には、あんた、対外的に迫力のある議員一人もおれへんやないか。市長は、もう私の所へもて来んなしようない。

有馬　市長がもって来るわけですか。

田辺　うん。市長がやってくれと。もう他の市会議員あてにならんと。そやから、市会を一人で牛耳とったねん。

有馬　あの、議員は、あれでしょ。無産派最後まで。

田辺　市長はまあ、予算とか、そやけど、発言権と、内部的なゆさぶりはやね、僕一人にまわってきて、強かった。

有馬　数は最後まで二人ですか、戦前は。

田辺　ああ、二人や。今も、あんた、二人や。こんな情けないことあらへん。私はね、他の所より大阪にずっといたしね、地元をやって。ほんで倅も戦争終わってから、関大出てきて、もう弁護士ようならんいうて。弁護士ようならんやったら、もう政治やっとけいうて。ちょうど、二十五歳の年ででてきたんや。日本で初めてや。二十五歳の市会議員出てきて。うちの倅出したわけや。ほんで、二期やってね、そいで病気になって、二年程入院してたんやからね。そやからもう、時代感覚にズレがあったんかね、迫力なくなった。

そらもう岸和田の人に聞いてみなはれ。そら僕の市会議員やってる時のうるさかったこと。皆こわい人こわい人やったと言うわ。
有馬　選挙っていうのはどういうやり方ですか。選挙運動ってのは。
田辺　そんななんのこたない。わしらが立候補して、保証金一万円か五千円かな、なんぼか保証金かかるんや、ほで、供託して、ほんで、あんた、演説一本ですわ。
有馬　演説一本ですか。
田辺　来る人は、労働組合も農民組合も皆ただですわ。まだ大根持って来てくれたり、米持って来てくれたりしよるわ。ほんで、演説やるわね。ところが、全協の連中は、僕をダラ幹扱いしてね、バーと漫画貼りたおしたんや、全協は。某運動家を葬れとかね、金持ちや、何してる漫画描いてずうっと貼られた。
有馬　ああ、そら外に、表に貼られた。
田辺　ええ表に。その当時、かえってそういうものある方がね、あんな嘘描いてね、落とそうとする、逆になってるかもしれん。全協って書いてあるのにでっせ、ね。
有馬　全協のいうダラ幹ぶりってのは出てくるわけですか。
田辺　社会民主主義というわけや。それで、僕は、今共産党に対して恨み骨髄に達してるんだ。社会民主主義いうたら公認する全協にあって、ああいう共産党がやで、下らん。ああいう堕落してるでしょう。ほんま野党としてあれ駄目ですね。社会党にもようよびかけんと、ね。野党で一つ一緒になって投票しようと。
　そしたらあんた、投票所は一カ所でしょう。岸和田は。公会所へ行くんですよ、市民全部が。それずうっと行く道貼ってある。それに、最高点で当選している。市会では。そやから、私は政治的な圧力でね。社会党の委員長やってるというても、地方選挙あたりで、まあ市議になりたい候補者全部当選させてね、やはり一回有終の美をしてますからね。その代わり、我が自動車一台もって、運転手の給料からガソリン代まで皆払うんですわ。そやから月になんぼ使いますかね。そいで、六年おったね、委員長で。もうね、ぐち言うたかて、お前ら今ね、報酬もろうて動いてるんやないかと。社会の指導者がね、報酬もろうて動かすことでは世の中良くなるかいと、というように言うんだ。皆んな、ただですよ。

戦前の活動資金は

有馬　それから最後に、これは全然ちがう話ですけども、その戦前の組合の活動を見ていて、一番良く分んないことの一つなんですけど、あの、財政はどうなってたかということなんですけどもね。あの戦前の農民組合の財政ってのはどういう。

田辺　やっぱり組合員から、みな。

有馬　組合員から集めるわけですか。

田辺　年に一円五十銭とか、三円とか。まあ、あげるいうたかて、五割も十割もあげるわけ。そやけど、それはね、やっぱりやってゆけん。書記局で、あんた、月二十円か、それ位でいり用がないもん。私で三十円ぐらいや。委員長で。

有馬　例えばそういう専従の人間の、何といいますか、活動費ですわね。そういう活動費を払っている人間というのは、例えば府連の書記局でどれくらいいるわけですか。

田辺　まあよったりぐらいですな。あとは地方の農民がちゃんと動いてくれますから。
有馬　すると、その書記局を運営していくぐらいの金は組合費から。
田辺　そうそう、組合費と、それから、上納金もありますわ。米でね、年貢まけてもうた、売るでしょう、そのうち農民組合へ一〇〇円なら一〇〇円寄付しようというような寄付がありますわね。それが十あったら、千円ありますわ。その時分の一円たらね、今の一万円ぐらいの値打ちがあったんですね。
有馬　例えば、そういうふうに争議を収めるとか、まあ小作料をまけるとか、いうふうに。
田辺　うん。謝礼はとりません、一切。まず先も出そうとしえへんわ。つぎ、三十銭の会費を払えへんという百姓があるな、高いと言いますわ。
有馬　結局、一応ちゃんと集まりますか。
田辺　集まります。
有馬　争議費用なんかも自前で集まるわけですか。
田辺　争議費用は積立てさしてもらう。一番ええのは、農民の納める米を全部売ってしまうん。売れと。その金を現金にして供託しろ。
有馬　納めるあれって小作米ですか。
田辺　そう、小作米。なんぼ納めると、それ米を集めて、ほんで米屋よんできて、パーと売って、ほんでその金を銀行へパアーンと供託する。ほんだら、金利が大きいでしょう。ほんだ、その解決というた時でも、米、ないから、米欲しかったら来年米取れるまで待ってくれというたら、いやもう米は要らん、金くれて結構や、ほんなら金、ほんで払うたら、あんた、やっぱり何十万円という、十万円も二十万円も金残るでしょう。ね、だから百姓は喜ぶわけですよ。
有馬　ああ、そういうやり方をするわけですか。
田辺　あん。そりゃ地主は泣くのは、年貢が納まらんちゅう。ところが、情けないことには、年貢を払わなんだら、場合には、仮処分の申請は直ぐに下りるわけだ。それで法的に訴えてくるわけだ。それに対抗して、また集団的な対抗で、田植えしたりね、そういう条件、つまりこの土地に何人も立入るべからずだと、しかし何月何日拘束の現状を保持してということで仮処分するわけだ。そやから、田植えするの待たすわけだ、そんだら騒動おきたらいかんさかいね、なぐられたら恐いから日没までに植えといてくれと、処分の札立ってると。ほんだ、あと立入禁止になってね、米、あんた、草取りしようが、そんなでけへんから、草取りしたかて何も同じ。言うてきたかて年貢は入らしめへん。
そういうところを、戦術的に狙うわけですよ。それが難しいですよ。労働運動と違うてね、ほんで裁判すりゃ政治的にぶつかりよる。そやから農民ほどね、労働者やったらね、賃金が上がるか下がるかの問題やったら早いですわね。百姓は必ず闘うと政治的に闘うでしょう。だから政治的な闘いになってくるから、よほど気長う、しかも執拗にやらないといかん、戦術的にも読みがあたらないかんと。
まあこの争議三年も五年も続いていってそういうふうな地主に資力があるか、もうね、農民に戦術的にはすぐれたものがあるか、どっちかでなければね無理ですよ。そやから十年ぐらい騒動起してやった地主は皆没落してしまったわ。もう、何にも年貢がなくなってしまった奴はね。
有馬　例えば、警察が介入してくるなんていうのは、どう。
田辺　警察はやっぱりある程度介入してきますわ。いくらなんでもやはり、地主おさえますわ。我々にもおさえますよ。おさえるけど、やっぱり第一線の特高が我々にいろいろ世話にならな実績が上がらしまへんわ。あれだけの、特高の報告書でけへんやん。で、八百長や。ほんな、俺ら三日も四日も徹夜でけると、地主はでけへんやからな、いられんところです、お寺とか、料理屋とか、旅館とかいうところで皆監禁せえと、俺らも監禁されようというような協定すると。

ほんだ、田辺君、どの位で、ま、五割、そらちょっと大きすぎるで、半分負けとけいうことで、そら、うん、よっしゃ、これ位の段階で押さえとこうかと。ほたら地主は、三日も四日もいなされんとね、小作人もがんばってんやさかい、お前らいぬということあるかい、小作人にいわして何ぼでも長引くよ。かめへんのかというて、警察は向こうをおさえよるわ。こっちもおさえるけどね、弾圧はするけどね、その弾圧は、思想的な弾圧はね、別やから。小作人というのは、地主に押さえ込まれてきついでしょ。

そやから泉州では労働運動は育たんというのはね、相当ガタガタきてちょっとパアッと活発な運動しよるでしょ、ビラまいたり。ほんだもう、財界から金もろたり、そやから、総同盟の組織が全部こかしよる。ところが僕のつくった労働組合はいつまでもあるわ。私に、農民運動に、労働組合つくってくれ、ストライキ指導してくれって、そらずいぶんしましたよ。そら私が出たらね、百姓がついてるさかい、あかんと、あいつに来られたら百姓が食糧送りよるから、どうも困れへんさかいというてね、ほんで私に誘惑の手来たかて、私土地の人間でしょう、ハネつけるでしょう。そやから、田辺君なら大丈夫やろ、田辺君やったら、信頼して任してもある程度、むちゃくちゃせんということで、労働組合が出来てきたわけですわ。

そやから総同盟の奴らはね、あれ一番、多かったね。私らこの土地で生まれてね、この土地でなにしてるからそんなことでけへんでしょ。もしそんなことで買収されて、土地におられんようになってや。それだけ、この辺の労働者や農業は得してますわ。

有馬　だいぶこの前からうかがいまして、いろいろ面白い話をうかがって、あの今日うかがおうと思って来たのは、戦前についてはそれ位なんですけれども、しまいにですね、先生、ずうっと活動されてきて人物ですね、指導者で、えらいというふうに思っておられる人は、だれですか。

田辺　さあー、私は、大阪でえらいと思ってる人は、ま、今いる、政治家で西尾末広やね。あの、大臣引受けろいうたら、いらんと言うた、いらんとは言えへんけど、俺はもういっぺん、除名されたらという、ああいう気迫のある人、まあそういうの尊敬してるわ。そうでなかったら、あんた、西村栄一だって、あれ、わしがやった社会大衆党や。ほんで、そんなもん、僕ら、あれ追放になっとらんだらね、大臣にでもなって。そらあんた、労働者は皆追放になったでしょう。それでおかしなったんですね。そやから尊敬する人なんておれへん。

そら、僕は自分自身より偉い人ないなと思てるよ。そや、今度わしね、この喜寿の時ね、皆集まってくれたら、皆さん、天皇陛下に会うてますよと、私は勲章もろて天皇陛下に会うて大いばりで、その会うているという人間と違うて、私は皆さんの顔が天皇陛下に見えますわというてね、その方がなんぼうれしいか分らへんと、こんだけも盛大な喜寿のお返ししてくれるいうことはね、一番誇りです言うて挨拶しようと思てます。

そらま、財界でね、根性のあると思うた奴は、寺田〔不明瞭〕という人ね、ありますけどね。それでも一応は僕のこと信頼せんとね、あのいわゆる町長を信用してね、その町長に砂かぶせられてね、後で、田辺さんやっぱりあんたの言うこと聞いといたら良かったんやというて、その土地は、今の競馬場あるでしょう。

有馬　春木の。

田辺　競輪場、競輪場、あの土地ですねん。あの時、私にあれ買う時ね、あんた買いはるか、地主は恐らく金払えへんでと、あの土地はそういうくるみでやってんやから。あんただまされたと思うて私に金出しなさいと言うんやけど、町長信頼して、町長に金渡したと。そしたら町長はそれ小作にやる金をやらんと皆地主にもっていた。

さあ、どうやねん、寺田さん、あんた私の言うた通りにしたら良かったのに、あんた。いやもう初めて分りましたと。で、もういっぺん払うた。二へん払うた。

それが終戦後に農地解放で、〔寺田は〕土地を八千円で買うて、ほんでその土地遊ばしとったんですよ。そいつを私取り返しに行ったんです。その時あんたもうね、軍需産業やいうて要らん土地まで買うて、ほんで戦争が終わって、これから土地が値上がんやと、それでもあんた、無用地遊ばしてんやから土地返しなさいと言うて。ほんで百姓に言うたら、百姓はいらんというわ。そんな囲いした、ただの土地をね、そんなもんわしら要らんと。

ほんならムシロ旗立ててね、あの土地取り返すんやというて、あの、百姓要らんいうから、よし、ほんなら、わし取り返してくるというて、毛利を市長に立てて、私は。ほんで、毛利が財源ないために競輪場の許可もろうて来よった、あの小西寅松という代議士通じて。さあ土地がないんですねん。しゃあから、わし取り返した土地をね、貸してやろうというて貸してやってね、そしてあれ競輪の競技場つくって。

そやから、それで岸和田市の財政助かってるでしょう。ほんだら、皆あれ田辺がみな土地取ってしまうぞと言いよったんや。まあ、俺は地面師とちがうぞ、階級運動家はそんなことするかと、今に見ておれと言うて、ほんで財団法人つくって、そうして春木病院。その当時は国民医療機関は、あの労働組合、総評とかそういうもんだけしかなかった、社会保険は。百姓は社会保険ないでしょう。そいで一番困ってんのは、医療やから、いわゆる財団法人つくって、病院つくったろうというて、百姓あつめ、お前ら、あのその土地とった土地につくらしとったんだす。ほたら、米一斗ずつ出してと、その一斗の米をヤミで売ってね、その金足しにして、ほんであこに病院建てたわけです。

有馬　病院というのは、それで出来たのですか。

田辺　ほんで出来たんです。そやから、百姓要らんちゅうた、要らんなんだら俺が取ると。ほんだら、寺田さんがね、田辺さんという人は良い人やと、死ぬ前に言うたというんや。わしから、略取した土地を私物化せんとね、それをああやって立派な病院建てて成功しているというて、わしをほめたちゅうてね。そら財界で寺田という人は、僕も物分りのええ男だと思うて尊敬はしてますけどね。

そやけど、階級運動で尊敬できる奴は一人もおれへんわ。皆、脱落した。僕一人だけですよ、残っているのは。そら、藤井町あたりで聞いてもろても分るわ、社会運動家で、名出た人でね、土地に残っておるのは僕だけしかおれへん、皆どこへいたか分らへんね。

有馬　今日は戦後のことはちょっと用意してこなかったんですけど、一つだけ、お借りしたスクラップを拝見していましたらね、先生は社会党分裂の時は右派の府連の。

田辺　そう、委員長。

有馬　委員長ですか。

田辺　いいや、委員長やなしに、副委員長かなんかでしょう。

有馬　分裂の時に右派へ行かれたというのは、どういう理由ですか。

田辺　もう感情問題やったから。なぜなら、左派なら、左派へ何でいかなんだかいうたらね、右派に僕のなにが多かったわけです。

有馬　ああ、そうですか。

田辺　いわゆる当時の東京のね、そやけどあんた、じきにまた合併するわね、導火線になってますわね。だからあの、「私の経歴」というところで、握手しとんのは〔不明瞭〕と僕と……。

〔以下テープが切れたまま終了〕

史料・田辺納宛書簡

一　杉山元治郎　昭和10年6月14日

謹啓　其後御病気如何ですか。道後温泉より帰宅されたので良い様に存じて居りましたが、また良くありませんか。一寸御伺ひ申上げます。

府聯中央委員長、本部常任休養届の儀、正に落手致しました。病気とあれば已むを得ないことで、充分の御保養専一に祈上げます。何れ府聯の各位ともよく御相談申上げ、貴兄が休養中も万遺漏のない様に致したいと存じて居ります。向暑の折柄特に充分の御保養を切に祈上げます。先は右当用まで。頓首

六月十四日

杉山元治郎

田辺納様机下

【註】便箋にペン書き、一枚。封筒表、府下泉南郡多奈川村大字谷川、理智院内、田辺納様。封筒裏、昭和十年六月十四日、大阪府中河内郡布施町東足代五五、杉山元治郎、大軌電車沿線布施駅下車（電話、小阪四三二番）。杉山の住所、

氏名は印刷。封筒裏に「農民組合本部常任中央委員在任中病気」と田辺の書込みあり。

二　大西俊夫　昭和（10）年9月8日

田辺兄　初秋ともなって大兄愈御恢復の由拝聞しました。大慶の至です。選挙戦も愈接迫、東京からは稲村順三君が十五日大阪、十六、七、八日と岡山、十九、二十日と香川、妹尾義郎君が廿一日京都、廿二、三日と香川、四、五日と岡山の予定だけです。従て関西に就いては、お軀に支障なき限り、大兄の御出馬を願ひます。これが御健康ならぜひとも全国を巡って頂くつもりでしたが、実に残念です。この秋にあたって、全国的な躍進期に際し尤も肝腎な総本部の活動をしっかりやるやうに、さいはいを振って頂きたい。いくら地方的に旺んであっても、総本部が活発でないと全国的な進出は出来ませぬ。選挙がすめばすぐ秋闘、組織獲得、小作法獲得運動（農林省もとりかかったやうです）、そして労働者側の全国的要求題目との合流による政治運動を、大々的に展開するやうに進みたいのです。その全国的集力《ママ》の頃、一月には全農の大会も開きたい。十五週《ママ》年だけのことをやりたい。伝単、請願書、加入案内、ビラ等の総本部発行について準備を整へつゝあります。それに「土地と自由」の拡大は経営を西納君に専心努力してもらって実行したい。編輯について相当の規模で準備を勧《ママ》めます。これにはぜひ御協力下さい。十一月、十二月は地方出張をやって総本部費集めをやる。これには大兄も出張して頂きたいものです。絶好な情勢を迎へてをります。切に御自愛、捲土重来の全国的活動への御奮発を嘱望します。

九月八日

大西生

【註】紀伊国屋製原稿用紙にペン書き、三枚。封筒表、岸和田市下野町、田辺納様。封筒裏、九月八日、芝二本榎西町、大西俊夫。

三　杉山元治郎　昭和10年9月29日

謹啓　其後は御無音に打過ぎました。平に御海容願上げます。小生は選挙戦のため東奔西走、漸く一段落つき、昨日和歌山の応援かた〲郷里に老父を尋ねました。いろ〲と御配慮を預きました。老父の病気も幸に小康を得て居ります。此段御安心願上げます。併し医師を尋ねて精しく病状を伺ひました処、やはり重態のよし、併し此頃の模様では今日明日と云ふわけでないとの話に小生も安心致しました。来春の選挙戦に打突らねば良いと心配して居ります。次に病気もだん〲良い方なれば、時に府聯本部にも御出席下される様に願上げます。

先は取敢ず右当用まで。　頓首

九月廿九日

杉山元治郎

田辺納様机下

【註】便箋にペン書き、二枚。封筒表、岸和田市下野町、田辺納様。封筒裏、昭和十年九月廿九日。以下住所氏名は史料一に同じ。

四　大西俊夫　昭和（11）年（8）月（2）日

御手紙拝見。ちょっと中央委員会で忙しかったので失礼しました。東京から二時間ほどかかるところの宿屋を求めて失敗、やはり協調会館で一日間だけやりました。昨八月一日は内務省を訪問、争議防止政策に就いての意向を聴取しました。詮じつめると、争議が激増する、調停しなければならぬ、従来調停には委ねてをけぬといふ所にあるやうです。それ以上の理窟はありませぬ。

全農としても、労働運動、無産政党はいづれも混沌して来て、転換を要する時に移っております。御承知の通りに、軍部内の急進ファッショは敗北して、この方は常道、即ちブルジョア本位の軍備充実政策に戻り、戦争は稍遠のきまして、これも内部的に整理されたわけです。それから、国際的にみて帝国主義段階も新なる統制経済的段階にのったわけで、従て国際運動も新なる時代、即ち第三インタアの使命も終って、別なものになる時代に入ったのではないかと見られます。かやうに、到る所混頓《ママ》ある形勢にあります。全農は、客観的条件は恵まれてをりますから、よき方針をとるなれば愈上向することは疑ありませぬ。そこで如何なるよき方針をとり、且つ活動するかが一層問題となる次第です。この暑気烈しき折から十分に御静養下さって、こまかいこと、他の人たちのことを気にかけずに、今秋から全国的に御活躍下さる事を切に期待してをります。

東京は、朝から熱湯の如き暑気です。

【註】紀伊国屋製原稿用紙にペン書、三枚。封筒なし。史料二の封筒に同封保存されていた。

五　岡田宗司　昭和（11）年（9）月（14）日

前略　先日は奥様御病中のところ御世話になり、まことに申しわけありませんでした。小生十三日に京都の友人を訪問し、今朝帰阪しまして、貴下よりの電報を拝見しました。十四、十五日は間に合はなくとも十八日まで滞阪の予定で御座いますから、何卒御多忙中甚だ恐縮で御座いますが、もう一度御上阪のお序でに御骨折り願へませんでしやうか。

先づは右御依頼まで。

末筆乍ら奥様によろしく御鶴声下さい。匆々

岡田宗司

田辺納様

二伸　拙訳「ロシヤ史」多分まだ一冊余分があったと思ひますので、帰京後貴兄に贈呈致します。
【註】便箋にペン書き、一枚。封筒表、岸和田市下野町、田辺納様。封筒裏、大阪市東区元伊勢町五三二、都志方、岡田宗司。差出年月日は消印による。

六　鈴木悦次郎　昭和12年5月6日

田辺納君

鈴木悦生

今度はお骨折りでした。ようやってくれました。あれこれとぴったりしない部分の多っ《(ママ)》た中を我慢してくれました事をお礼申します。

冬来りなば春遠からじと申します。雌伏三年、自ら情勢が拓かれて来るものです。屈する時によく屈する事が出来る者は又強く伸びもゐたします。何かと自重してやって下さい。

違反事件等ある様子、御心配でしょう。

一度御伺ひし度いと思ひながら……。又大阪も忙しくなりますが、その内一度やって行きまよう《(ママ)》。余は拝眉の上。奥様によろしく。

【註】「全国労働組合同盟、大阪市此花区江成町二三、電話福島㊺一三八二番」と印刷の用箋にペン書き、四枚。封筒表、大阪府下岸和田下之〔野〕町、田辺納君。封筒裏、昭和十二年五月六日、全日本労働総同盟、鈴木悦次郎、大阪市西淀川区海老江上一丁目三一、全国労働会館、電話福島㊺一三八二番。封筒裏は印刷。

七　岡田宗司　昭和(12)年(5)月(　)日

前略　あひかはらず御元気ですか。この度は西村の選挙事務長御苦労さまでした。あまり気に進まない候補者なので快よく働けなかったことでせう。それに新聞で見ると違反なんかゞ出てゐる様子だが、厄介なことばかりおこりますね。西村はずい分予想外に不振でしたが、その原因はやはり日常闘争の欠如、団体の支持うすきこと、候補者が信頼のうすい人物だったといふ点にありますかね。小生岡山へ行ってゐたが、この方は堅実に票ものび、組織ものびてゐってゐます。候補者は青年に非常にうけてゐる。こういふのがいゝのでせう。帰りに是非お目にかゝり度かったが、つひお目にかゝれず残念。

社大の進出には呆れかへった。時勢の力はゑらいものだと思ふが、それにしてもよくくずまで沢山出《(ママ)》ものともう一つ呆れ返ります。全農もこのまゝでは勢力関係上社大に押されるおそれ多分にあり、十分ふんばらなければなりません。関西側で大に頑張って下さい。伊藤君ともはなしたことだが、何とか全農独自の闘争を全国的にまき起して、これで締めて行かねばならないでせう。選挙のあとかたづけが済んだら、伊藤君、長尾君等とよく相談して下さい。小生も十分に考へますから。秋を目ざして徐々に準備をすゝめなければなりません。

梅雨もせまります。健康に気をつけて大に活躍されんことを期待してゐます。

岡田生

田辺納殿

【註】学芸社農業辞典原稿用紙にペン書き、一枚。封筒表、大阪府岸和田市下野町、田辺納様。封筒裏、東京市豊島区池袋三ノ一四七三、岡田宗司。

八　杉山元治郎　昭和（12）年12月24日

謹啓　時下厳寒の砌、貴兄益々御清栄大慶に存じます。其後意外の御無音に打過ぎました段、平に御海容願上げます。其後御令閨の御病気如何ですか。一寸御伺ひ申上げます。

却説、今度の人民戦線派検挙で驚きのことと存じます。先般の常任会議ではこのことを予想し、全農も或線まで退却せねばならぬことを申合せました。併し此の検挙後内務当局の意向を聞くに、共産主義も自由主義も境界がつかなくなった、だから自由主義までやらねばならぬと云ふてゐる。其処で全農は今度やられなかったが、此次は全農に居るまだマルクス主義的傾向を精算し切れぬものを検挙することにならう。それで其量、其の範囲により、全農結社禁止と云ふだんどりになる恐れがある。

殊に社大党農村部は、社大関係の全農に此際反共産主義、反人民戦線を明瞭にし、且つ社大党支持をする様にと指令してゐる。それでそうした動きする（ママ）と見られる。其際にぐづ〳〵してゐる者、反対する者は内務省方針の網に引かゝる危険性があることになる。それで全農も他から云はれるまでもなく、先般の常任会議でも申合せてゐるので、自由的（ママ）に早急に態度鮮明にする必要があります。

関東側常任全滅なので、須永君に相談の上来る廿九日午后一時より大阪本部で常任会議を開く様に致しました。伊藤君に通知する様電報しておきましたが、貴兄もいろ〳〵年末多事であらうが、繰合せ御出席下さいます様只管希上げます。

全農更生のために相談するので是非〳〵御出席を願上げます。

小生も廿九日朝帰阪致します。何れ拝眉の上万々申上げます。大阪府聯の人々にもよろしく御鳳声御伝言願上げます。右当用まで。頓首

十二月廿四日

杉山元治郎

田辺納様机下

【註】便箋にペン書き、三枚。封筒表、大阪府岸和田〔以下破損〕、田辺納様、至急、御直披。封筒裏、東京市杉並区井荻町二ノ十五、橋爪方、杉山元治郎。

九　稲村隆一　昭和(13)年1月12日

別紙新聞切抜きの如く、全国聯合は着々進んでゐます。つきましては愛国農民団体をも加へた全国合同提唱の声明を近々送りますから、大阪府も何れこの次の合同協議会迄断乎態度を明確ならしむる様御願ひします。

稲村

田辺兄

尚社大脱退する時は、あまりあくどい声明でなく、あっさりした方がよいと信じます。長尾君への連絡願ひます。場合によっては小生も一度関西へ行ってもよいです。

稲村生

【註】便箋にペン書き、一枚。別紙なし。封筒表、大阪府岸和田市下〔野〕町、田辺納様。封筒裏、一月十二日、新潟県三条市南四日町、稲村隆一。

一〇 稲村隆一 昭和（13）年（1）月19日

背景 その后如何ですか、御伺ひいたします。十六日全国の主なる団体が集り、大きな結合が出来ました。二月中旬東京に又集ります。佐藤吉熊氏（日農）正式に参加いたしました。日農、全農の単独合同は恐らく不可能です。

大兄等もいろいろ苦しい立場があるでせうから、地盤をこわして迄も今急速に参加することが困難であるなら、時機を待ってからでも差支へありませんが、出来る事なら成るべく早く御願ひし度いと思ひます。小生のパンフレット御送りします。社大にしては義理をつくしてゐます。やはり人道主義者でせうね。必要なら月末もう一度貴地に参り、長尾君とも会ひ度いと存じます。

稲村隆一

田辺兄

【註】便箋にペン書き、三枚。封筒表、大阪府岸和田市下〔野〕町、田辺納様、至急親展。封筒裏、十九日、新潟県三条市南四日町、稲村隆一。

一一 杉山元治郎 昭和(13)年1月22日

啓 時下益々御清栄の事と存じます。御令室の病気其後如何ですか。一寸御伺ひ申上げます。

却説、突然ながら申上げます。昨日国民精神総動員緊急評議会があり、小生も出席致した処、香坂理事長が小生を別室に呼び、『全農は過般の検挙に幹部并に支部多数の被疑者を出したので、理事者間に問題になり、表面化すると面倒故、此際引責辞任申出たと云ふ形にして欲しい』と云はれたのです。併し小生は、『一個人は左様にも感じてゐるが、常任会議の上加盟さして貰ふたので小生一存で行かない。常任の意見を伺ひたる故《(ママ)》何分の御返事する』と昨日は別れました。引責辞任するか、乃至は理事会の決議で辞任をさせられるまで頑張るか、何れにせよ面白くない結果になります。如何致すべきか貴意至急折返し御返事願ひます。猶其時香坂氏の言葉に『全農には内務省で聞いた処によるとまだ危険の分子がある様であるから、粛清苦心の程も察するが、聯盟としては引いて頂きたい』と云ふのです。私も今一度内務省に行っていろ〳〵意向を確める積りであるが、所謂会議派につき疑の目を向けてゐるらしいです。

それで全農の粛清工作も徹底的にやらねば危険は近くにあるのでないかと予感じ《(ママ)》ます。社大農村議員団も此の事を予感して、至急に合同をやるらしいです。小生は昨日信州から戻ったのであるが、それで廿八日頃に常任委員会を開きます。今度は旅費を出しますから出席して下さい。何れ電報もしますが。精しいことは拝眉の上万々申述べますが、右当用まで。頓首

一月二十二日

杉山元治郎

田辺納様机下

【註】便箋にペン書き、三枚。封筒表、大阪府岸和田市下野町、田辺納様、速達。封筒裏、東京市杉並区井荻町二ノ十五、橋爪方、杉山元治郎。

一二 稲村隆一 昭和(13)年2月6日

電報拝見しましたが、目下三条市会改選でその応援にいそがしく、行けません。不在で電報おくれてすみません。本日六日、社大の策動で全農の拡大中央委員会を開いて何かやるらしいですが、ソンナものは一切無視してやりませう。

昨日五日、新潟県は全農より離脱して新潟農民聯盟をつくりました。兵庫、大阪もこの際断乎私共の方へ呼応して下さい。場合によっては十日頃行ってもよいです。あなたの方の都合は如何です。

稲村生

田辺兄

【註】便箋にペン書き、二枚。封筒表、大阪府岸和田市下〔野〕町、田辺納様。封筒裏、二月六日、新潟県三条市四日町、稲村隆一。

一三　長谷川良次（藤田勇）　昭和〔13〕年3月2日

田辺納様

御忙しい事と思ひます。

一、今日杉山氏に会ひました。杉山氏は大阪に大日農を作るとか言ってゐました。あきれてゐます。杉山氏の先入見はとれないと思ってゐます。

この際あまり愚図々々してゐる必要もないでせう。ある時機には日本農民聯盟へも加盟し、新に政党支持はその好むところといふやうな方針を明確にされる必要があるのではないでせうか。それには聯盟の方から積極的に働きかけさせるといふやうな技術的問題も必要でありませう。奈良、三重は聯盟加盟を申込んだといふ説もあり、さうなれば岐阜も動いてゆくでせう。

二、高知からは僕に意見を求めてきてゐます。僕は高知に対しては聯盟説をとるつもりでゐます。

三、福佐の問題は加藤弁護士を通じて話しておいて下さい。旧全会が、聯盟へ入るのだといふやうなことを切りにいってゐるといふ。前川は大に動揺、社大を出て地方組合でやってゆきたいといふやうな意見だといふ。徳島はどうなりますかな。全般的に今度のことは社大の失敗といふやうな空気がつよいらしい。四、残務整理は黒田君の室代に杉山氏が四十円だし、あとは全部僕の負担となるらしい。僕に残る借金約五百円位でせうね。呵々。先日室明渡しについて、黒田君に一寸面談した。岡田も大西も割合に優遇されてゐるといふ。大西の娘誕生。

どうぞ御元気で。

三月二日

【註】伊東屋製用箋にペン書き、二枚。封筒表、大阪府岸和田市下ノ〔野〕町、田辺納様。封筒裏、東京市芝区南佐久間町一ノ二五、藤田勇。封筒の表裏は墨書。

一四　長谷川良次（藤田勇）　昭和（13）年3月6日

御元気で御活躍の趣何よりです。いろいろと噂だけは伺ってゐます。杉山氏は河内の組織は私の方に来るといふ自信をもってゐるそうで、ある仁にこの話をしたら杉山さんも甘いなあと大笑した次第です。安部老人事件の犯人が僕と山名であるといふやうなデマをとばして、お蔭様で僕は二度警視庁へ出頭しました。あまりの馬鹿々々しさに唖然としました。そして、そんなにまでして傷つけなければ止まぬ社大の諸君にはそれ相応の対策をたてなければなりません。

いろいろ発行された文書はどうぞ私にも送って下さい。全国的にみてまあ大丈夫でせう。何でも第三次は僕とか。これも例の一派の逆宣伝でありませう。大笑ひです。御活躍に期待しております。

三月六日

長谷川良次

田辺大人虎皮下

【註】巻紙に墨書。封筒表、大阪府岸和田市下ノ〔野〕町、田辺納様。封筒裏、東京市芝区南佐久間町一ノ二五、藤田勇。

一五 木村武雄 昭和(13)年3月11日

謹呈 時局下大兄愈々御壮剛奉賀候。友人稲村君より大兄の御奮闘を承まはり大いに感動致しおり候。稲村よりの御話しあり、失礼とは存じ候も五十円御送附申上げ候間、御受納下され度候。中野正剛先生の演説会は何日頃宜しきや、御一報願上げ候。

十一日

木村武雄

田辺納大兄

【註】巻紙に墨書。封筒表、大阪府岸和田下ノ〔野〕町、田辺納様。封筒裏、三月十一日、東京市王子区志茂町一丁目一〇八五、電話赤羽二〇九一番、木村武雄。封筒裏の住所氏名は印。

一六　木村武雄　昭和〔13〕年〔3〕月〔17〕日

謹呈　過日は失礼仕り候。十四日の演説会如何か結果を知り度しと思ひおり候。中野正剛先生の貴地行き、大阪市が四日と確定仕り候間、五日は如何に候や。夜昼で三ケ所との事、御準備可然や否やの詳報知り度く候。ポスターは当方にて送附申上げ候べく、尚打ち合せの事有之候へば御手紙御待ち申しおり候。長尾君の地には七日一日を費す計《ママ》故、大兄より御話しの程願上げ候。草々不一

木村武雄

田辺納大兄

【註】巻紙に墨書。封筒表、大阪府岸和田市下〔野〕町、田辺納様。封筒裏、東京市王子区志茂町一ノ一〇八五、木村武雄。差出年月日は消印による。

一七　木村武雄　昭和〔13〕年〔3〕月〔19〕日

謹呈　過日御手紙にて申上げ候演説会の件、中野先生の都合上決定は暫く保留致し候間、事情御諒承下され度く候。

木村武雄

田辺納様

尚長尾君に対しても大兄より御話し願上げ候。

【註】巻紙に墨書。封筒表、大阪府岸和田市下〔野〕町、田辺納様。封筒裏、東京市王子区志茂町一ノ一〇八五、木村武雄。差出年月日は消印による。

一八　中沢弁次郎　昭和（13）年5月4日

拝啓　貴下益々御清栄の段賀奉ります。就きましては、本会の労働部委員会が来る九日午前十時より、大阪中之島公会堂二階六号室に於て開催することになり、小生も下阪到し、八日、九日両夜は阪急前ステーションホテル新館に宿泊致し居ります。其の際出来得れば貴下と親しく御懇談申上度存じ居りまするが、御来訪下されば幸堪《ママ》の至りと存じ居ります。

五月四日

愛国労働農民同志会
総務書記局
東京市麹町区内幸町（太《ママ》平ビル別館）

電話　銀座(57)六二五一番
総務委員長　中沢弁次郎

田辺納様

【註】便箋にペン書（差出人住所は印）、二枚。封筒表、大阪府下岸和田駅前、大阪協同農民組合、田辺納様。封筒裏、〔以下印刷〕東京市麹町区内幸町一ノ三ノ二（大平《ママ》ビル別館）、愛国労働農民同志会本部、電話銀座(57)六二五一番、振替東京一一〇六一六番、〔以下印〕総務委員長、中沢弁次郎。

一九　鈴木悦次郎　昭和13年12月15日

田辺納兄

鈴木悦生

先日は大変おせわ様でした。お忙しい中非常な御手数を煩わしました。小生出向いて費用精算等なすべきですが、それ〴〵の関係如何程になっておるか御指示下さいます様切望ゐたします。出来る丈け早くしてやってくれれば幸です。

印度人は喜んでおりました。小生神戸まで見送ってやりました。こんな時期（事変中）だし、出来る丈いゝ印象を与へてかへす事が国策の一助かとも存じます。

ともあれ厚お礼申します。皆様によろしく。

【註】「大阪市西淀川区海老江上一ノ三二、全日本労働総同盟大阪金属労働組合、電話福島㊺一三八二番」と印刷のマーク入り用箋にペン書き、二枚。封筒表、大阪府岸和田市下之〔野〕町、田辺納兄。封筒裏、昭和13年12月15日。以下住所氏名は史料六に同じ。

二〇 竹崎米吉 昭和(15)年7月11日

拝呈　猛暑の候益々御健康にて公私御尽瘁之御事誠に慶賀之至り、遥に敬意を表し申候。扨て新聞に依り承れば、水道計画実施につき寺田氏が疑念を持ち、市会の一部に於て之に呼応するもの有之、紛擾を生じ候趣。其の理由等詳知せずと雖、想像する処許可条件につき寺田氏が恐れを懐き、之に敵本主義者の策する処となりしにあらずやと存候。

御承知の如く水道建設は岸和田市死活の問題に有之、単に便不便の問題に留らぬ、勿論市長の椅子の如き其の成功の為には幾つ犠牲となすとも惜しからざる程のものなりと存候。就任当時此の問題を検討して小生は其の在職の意義を茲に認め、府の依頼に依る市会紛糾の跡を収拾する而已にては足らずと、否寧ろ多年の紛糾不一致も此問題を放置ありしに由ると信ずるに至り、其の解決に全力を注ぎ申候。各方面の援助を得て時局柄六ケ敷とする本問題を解決するを得申候は御同慶の至と存候。唯許可につきての条件は実施上の訓令に過ぎず、之を付したる理由は当時水源地につき地元の反対を煽動するもの有之、悪性の猛運動を続けし為、府の事務担当者に於て之に恐れを懐きて副申したるによるものにして、時局柄之が為に騒擾など起ることは自他共に警戒すべき処なれば、本省に於ても鹼井に相当見込あるを以て当分それのみにて充分ならずやとの言もありしと雖、発展性多き岸和田の将来を知悉する小生としては之に満足する能はず、極力各方面より説明して遂に案全部につきての許可を得るに至り候。唯水源地問題は平穏に必ず之を解決すとは、府に対し政府に対し屢々小生の契言し置きたる処に御座候。あの条件は文字は他を言ひおれども其の意味を含み、解決するまでは鹼井にてもよろしき意味の、頗るゆとりある条件に過ぎずと解釈致し居候。小生として有真香村は必ず合併すべき運命にあり、且つ市会議員各位も同様の意見にて尽力中なれば実現すること間違なく、結局水源地問題は小作人問題なりと認識したるを以て、此点は貴殿の助力を煩はせば成功疑なしと本省方面にまで断言したる根拠は此処に有之候。故に当時内意を洩して御同意を得置き候事は記憶せらるゝ処と存候。併しながら許可に条件があることを当時発表することは水源地問題、有まか合併問題に之を悪用せらるゝ虞多分に有之為之を秘し置きたるものに有之、別に他意ありしに非ず、其の他起債、鉄使用の許可等順調に運び、工事に着手したるを以て、此上は着任当時深く期したる使命を果したりと自ら慰むる処有之、本年一月頃より先輩より勧め呉れたる大陸行の好意に応へたる次第に御座候。勿論茲まで運びたるを以て、水道問題は既に問題にあらずして決定したる事実となり、実施の手順も全部終り、単に時期を俟って小作人との関係を解決すれば足る次第なれば、何人が市長となるとも容易に完成し得べく、唯市長の推薦手続に万全を期せざるべからずと、其の点のみ心配致し候処、各位の尽力により理想的に進行し、御見送を受けて長途の旅中にありし当時の小生は、誠に心中安らかに赴任仕候。然るに六月末の市会に於て市長の思はせ振なる答弁あり、如何にも水道許可が未決のことの如く取扱はれ居るを見て驚愕仕候。誠にむつかしき市政運用に関することなれば、他に理由あることは万々想像する処なれども、事業熱心にして純心なる寺田市長が之を不純なる具に供して市政に当るものとは思はれず、つまりは小生が直接引継をなさゞりし為に他人の言が基隙に乗じ、遂に水道問題の重大性の認識に誤謬を来し、府管水道等のことに引かれて市の死活問題を軽々に扱ふに至りしにあらずやと考へ候。府管のことは小生の夙に承知せる処にして、府としては当然になすべき処なれども、岸和田市の水道は之と矛盾するにあらざるを以て許可を得、実施上の準備全部備はれるもの、断然既決の如く実行せざれば悔を後年に残すべく、此点貴殿の深く認識せられ、小生に同感を表せらるゝ処と存候。承れば福本君も助役も辞職せられし由、其の収拾は寺田市長の手腕にある処にして小生の余計なる心配は無用なりと雖、若し既に問題にあらざる水道を問題として利用するものありとせば、由々しき大事と存候に付、必要あれば直に帰国して寺田氏の認識を深め度思ひ居候。唯貴殿に依頼すれば市政表裏に通じ、又小生在任当時の事情に精通せらるゝを以て、小生がなまじい帰る以上の効果可有之、深く頼み入候。在任中種々の問題ありたれども、多くは解決と共にすみたるもの、独り水道は完成まで年処を要するものなれば、小生に取りては「幼児を家に残し置きたる」思ひ有之、これが成長を妨げらるる如き事情は誠に堪へ難く、貴殿の親切と熱、正義観《（ママ）》とに唯々依頼する次第に御座候。

以上匆々意を尽さざる処多々有之候へ共、御推読の上宜敷御願ひ申上候。時局柄御自愛専一に存候。近衛公爵の動静等により、中野先生も恐らく重要役割を演ぜらるべく、貴殿も自然御多忙ならむも、市政のこと亦重大なり。宜敷御願ひ申上候。早々

七月十一日　竹崎米吉〔花押〕

田辺納様

【註】罫紙にペン書、十一枚。封筒表、大阪府岸和田市下野町、田辺納様。封筒裏、北京興亜院、竹崎米吉。

二一　稲村隆一　昭和（16）年5月30日

背景　九日出発ですから七日に貴地に参上仕り候。それ迄に五百円大丈夫に候。
寺田氏の件、寺田氏にも手紙出し候も、長谷川総督は九日出発のよし、その前ならいつでもよきとのことに候。小生六日前都合よく候故、それ迄に寺田氏に上京為され度く候。宮崎竜介氏事務宛《（ママ）》てに通知願ひ上げ候。宮崎氏も万々承知に候。尚寺田順吉氏、関西財閥、長谷川総督に会見したるよしに候。

五月三十日

稲村生

田辺兄

【註】「白鳩」原稿用紙にペン書。三枚。封筒表、大阪府岸和田市下之〔野〕町、田辺納様。封筒裏、東京市京橋区銀座四丁目教文館ビル六階、宮崎竜介方、稲村隆一。宮崎竜介の住所氏名は印。封筒裏に「戦時中長谷川総督会見の件」と田辺の書込みあり。差出年は消印による。

二三　杉山元治郎　昭和（　）年12月23日

謹啓　時下向寒の砌、益々御清栄の事と存じます。旁小生義風引がハッキリせず、上京以来卅九度位の熱で寝て居りましたが、昨今大分よくなり、ぼつ〳〵起きて仕事をして居りますから此段御安心下さいませ。出立の時に紅茶の件で電話を頂きましたが、先方へ電話したが不在、上京後すぐ御手紙で御返事する積りの処、右様の仕末で失礼致しました。就ては紅茶の件、月末に帰阪の節先方に参り、精々話を聞いて後ち御知らせ致しますから、左様御承知下さい。

不在中組合の方よろしく御指導を願ひます。而して事務所建築費未払に就て度々の催促があり、御話の田端氏と奥村氏へ御願ひの手紙を出しておきましたが、小生が出立の時まで御返事がありませんでした。それで御会の節よろしく御願ひおきを願ひます。

先は取敢へず右当用まで。　頓首

十二月廿三日

杉山元治郎

田辺納様机下

【註】便箋にペン書き、二枚。封筒表、岸和田下野町、田辺納様。封筒裏、東京市品川区西大崎一ノ九二、藤田方、杉山元治郎。

二三　西尾末広　昭和（22）年4月10日

拝啓　その後久しく御無沙汰致して居りますが、益々御健闘の由承り感謝に耐へません。小生も激務ながら頑健がものを云って、兎に角書記長が務まって居ります。

此の頃の選挙期節ともなれば嘸かし腕が鳴って居ることと胸中御察し致します。然しながら今年末頃との見込みの講和会議が終了するならば、解除もぼつ〳〵行はれることと存じますから、今しばらくの御自重を切望致します。前田、山本、種田君等も貴兄に期待するもの大なるものがあります。

次に小生十三日頃より大阪で選挙運動を開始することになって居ります。事務所は今里終点の種田君の事務所だろふと存じますから、御序の節御訪ね被下度く、その節万々御相談申上度いと存じます。以上

本部にて　十日

西尾末広

田辺納様

【註】「日本社会党本部」用箋にペン書、二枚。封筒表、大阪府岸和田下ノ〔野〕町、田辺納様。封筒裏、昭和二十二年四月十日、東京都芝区新橋二丁目十二番地、日本社会党本部、電話銀座(57)五二五〇番・二九九四番・八三七〇番・一〇四一番、西尾末広。裏の住所は印刷。OPENED BY MIL. CEN.-CIVIL MAILSと印刷のシールで封がしてある。

二四　西尾末広　昭和(23)年(1)月22日

拝啓　益々御健闘の事と感謝致します。昨日電報受けとりましたが文意不明です。予ての御約束未だ果し得ないが、今回書記長をやめることになったので、その内に御地へも行けると存じます。

【註】葉書にペン書き。表、大阪府岸和田市下ノ〔野〕町、田辺納様、東京、二十二日、西尾末広。

二五　三田村武夫　昭和26年8月18日

拝啓　東条の弾圧政治によって、われ〳〵が政治闘争の幕を閉じてから既に八年になります。そして、終戦後「沈思の六年間」、われ〳〵には、過去の戦争政治へのよき反省の期間であったし、また政治・社会の表裏を客観視し、他日の機会に備えるよき修養の期間でもあったと思はれます。ところで、去る八月六日、東方会及東方同志会関係の追放者（二百四十八名）全部解除となり、同十五日附の官報で発表されました。これでわれ〳〵も漸く「格子なき牢獄」から解放され、政治活動の自由を回復し得て、お互に同慶の至りに存じます。

講和条約の締結も目前に迫り、われ〳〵の日本も新らしい姿を国際政治の舞台に現わすことになりましたが、しかし国際社会も、極東情勢も相貌を一変して、わが民族の前途も平坦な道ではなさそうです。われ〳〵はこの現状と将来に対して、回復し得た政治活動の自由を如何に生かしてゆくか、これはお互に重要な問題であろうと思ひます。

東方会は名実共に解体いたし、旧同志の政治活動には何等の制約を残して居りませんが、気分的には、「心の絆」とも云ったような愛情のつながりのあることを否定し得ません。そこで、この機会に旧知相集り、過去を回想し、現状を語り、旧同志各々の立場から今後如何にあるべきかを語り合ひ、お互に新らしい門出を祝う会を催したら――と云うことになり、次のような計画をたてました。何卒、万障御繰合せの上御出席下さるよう御案内申し上げます。

尚ほ、名簿不備のため連絡もれがあると思ひますから、旧同志の方で御気付の人は、御さそい下さるよう御依頼いたします。

昭和二十六年八月十八日

田中　養達
杉浦　武雄
宮崎　竜介
三田村武夫

記

一、日時　八月二十七日午後二時―六時
一、場所　衆議院第一議員会館第一会議室（国会議事堂裏）

一、会費　二百円（軽い食事の用意を致します）
一、集会々名　正交会（仮称）
○会場の都合もありますので、前日までに御出席の有無をおしらせ下さい。
【註】謄写版印刷、一枚。封筒表、岸和田市下野町、田辺納様。封筒裏、東京都中野区天神町一四、三田村武夫。

二六　稲村隆一　昭和（26）年8月30日

貴下の御活躍をいのってるが、一度会ひ度いが東京で会見出来ないか？
日本も徳川時代より狭くなり、人口はその時代の三倍になった。コンナ講和を御目出度いと云ふ売国奴や愚人の集ってる政界で、今の政治家などは国を憂へてる奴は一人もゐない。中野正剛などは今の奴等に比較すると恥と責任を知ってる男だったよ。特に社会党右派の堕落には呆《アキ》れる（民主党の右派もそうだ）。大戦は日独だけの責任ではない。それを日本をフクロ、タヽキにして、共産党に支那、朝鮮を渡して、今度都合悪くなったから軍事協定と再軍備で日本を共産主義との戦争にひっぱり込まうなど、全く言語同断《（ママ）》だ。その御先棒をかついで社党を割らうなど右派の下劣呆れる他なし。僕は社党左派などと考へは必ずしも同一ぢゃないが、もういくらも生きない、良心に恥づることはやり度くない。金や地位で魂を売《ウ》り度くない。貴兄も小生と同感と存じます。旧同志がなつかしい。

稲村

田辺兄机下

【註】ザラ紙便箋にペン書き、六枚。封筒表、大阪府岸和田下之〔野〕町、田辺納様。封筒裏、8・30、新潟県三条市東裏舘町、稲村隆一。封筒裏に「戦後の義憤」と田辺の書込みあり。

二七　杉山元治郎　昭和（26）年9月17日

謹啓　時下日増に秋冷の際益々御清栄大慶に存上げます。

さて先般は追放も解除に相成り、自由に活動の出来ることを御喜び申上げます。八月初めより関東、近畿、中国と農村を巡回致し居り昨夜帰党、御挨拶もおくれました段平に御許し願上げます。解除の祝賀会にも出席せねばならぬが、丁度その当日九州別府市に於ける集会に先約があり、残念なが（ママ）出席致しかねますが、悪しからず御了承願上げます。

先は取敢ず御祝詞かた〴〵御挨拶まで。敬具

九月十七日

杉山元治郎

田辺納様

【註】便箋にペン書、一枚。封筒表、岸和田市下野町八二三、田辺納様。封筒裏、泉佐野市下瓦屋、杉山元治郎。

有馬　学（ありま・まなぶ）　1945年7月19日，北京に生まれる。1971年6月，東京大学文学部卒業，1976年3月，同大学院人文科学研究科満期退学。同年4月，九州大学文学部講師。助教授・教授を経て1994年6月，九州大学大学院比較社会文化研究科教授。専門は日本近代史。著書に『日本の近代（4）「国際化」の中の帝国日本』（中央公論新社，1999年）『昭和の歴史（23）帝国の昭和』（講談社，2002年）。編著に『近代日本の企業家と政治　安川敬一郎とその時代』（吉川弘文館，2009年）などがある。

日中戦争期における社会運動の転換

農民運動家・田辺納の談話と史料

■

2009年3月14日発行

■

著　者　有馬　学

発行者　西　俊明

発行所　有限会社海鳥社

〒810-0074　福岡市中央区大手門3丁目6番13号

電話092(771)0132　FAX092(771)2546

http://www.kaichosha-f.co.jp

印刷・製本　九州コンピュータ印刷

［定価は表紙カバーに表示］

ISBN978-4-87415-722-0